キャリアアップと
年収アップ
をかなえる

エンジニア・
コミュニケーション

斎藤和明

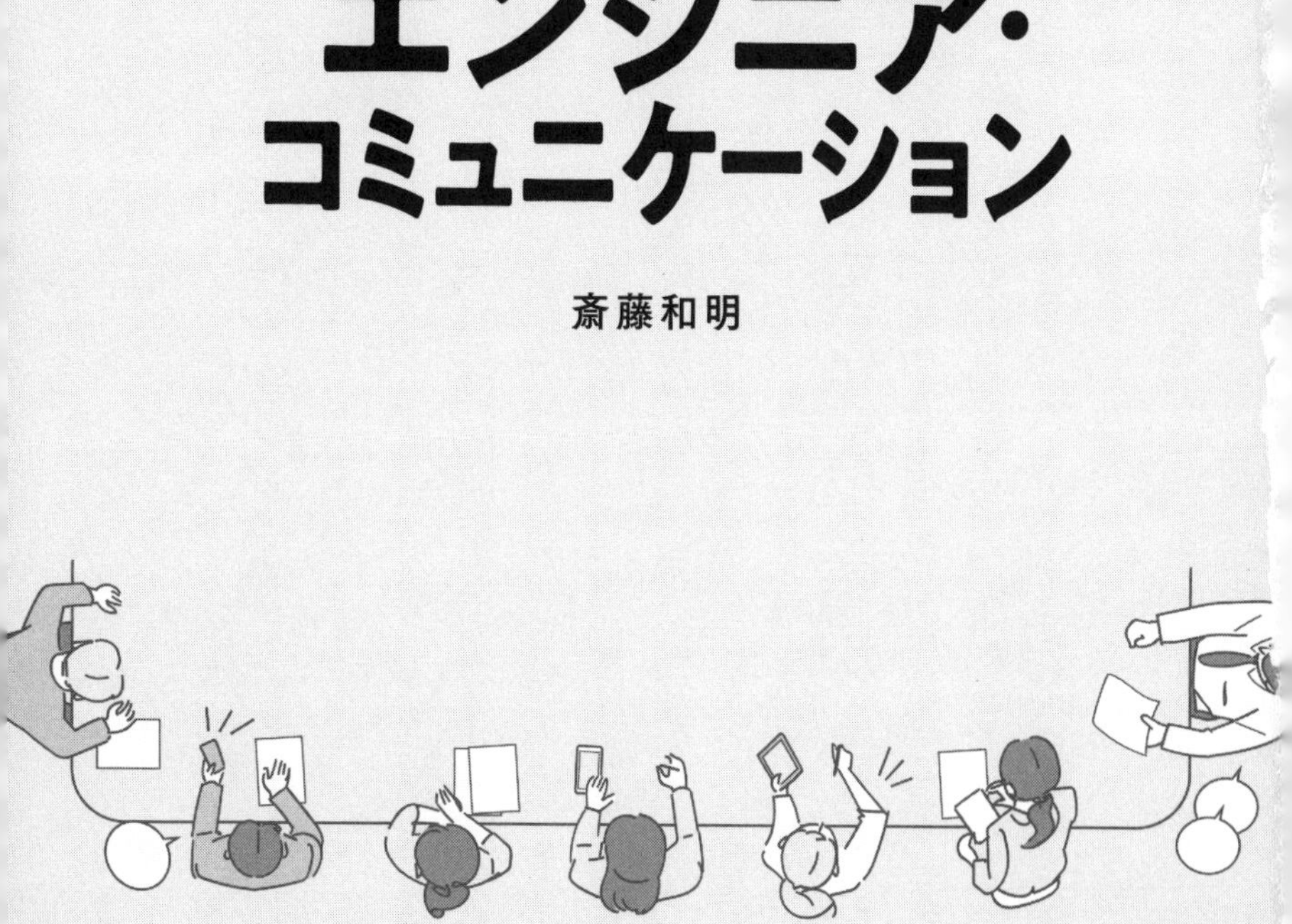

同文舘出版

はじめに　エンジニアの年収はコミュニケーションが9割

稼いでいるエンジニアは、コミュニケーション能力が高い傾向があります。

エンジニアとして稼ぐためには、管理職になってプロジェクトマネージャーになる道があります。あるいは、独立してフリーランスのエンジニアになることもできます。さらに、大手企業で優秀な会社員エンジニアとして高い給料をもらう方もいます。

いずれにしても、部下との人間関係づくり、新規営業のスキル、大手企業の面談で自己ＰＲする技術など、高いコミュニケーション能力が必要です。

しかし、多くのエンジニアは、まわりとのコミュニケーションが苦手です。「人と話さなくていいからエンジニアになった」と言う人もたくさんいます。

私も新卒から現在までずっとエンジニアとして働いてきましたが、「スキルが高いのにもったいない！」と感じる数々のエンジニアたちを見てきました。

例えば、スポーツ好きなエンジニアのAさんのエピソードを紹介しましょう。Aさんは、事務職から転職した30代で、3年目の男性エンジニアでした。ヒアリングしたところ、Aさんは「年収300万円程度で、初任給からずっと給料は変わりません」と答えてくれました。

私は「本当にもったいない！」と思いました。どう考えても、Aさんの給料は平均年収より低すぎたからです。エンジニアは多くの企業から需要があり、市場価値が高い傾向があります。

仮にエンジニア3年目なら、会社員で年収400万円、フリーランスなら年収600万円以上が相場でしょう。Aさんは、引く手あまたでもおかしくないのです。しかし、彼はとても自信がなさそうにしていました。

私が「会社に昇給を交渉してみましたか？」と質問すると、Aさんは「交渉したことはないです」と、少しモジモジしながら答えてくれました。

当然ですが、会社としてはコストを抑えたい訳ですから、Aさんから交渉しないと給料は上がるはずもありません。Aさんは、初任給と同じ給料で3年間も同じ仕事を担当していたのです。

かつての私も、Aさんと同じ境遇でした。自分からは給料の交渉をすることもなく、毎年同じ仕事を続けていました。30歳まで年収300万円を超えることはなく、月日が経つごとに自信を失う日々。まさに負のループを繰り返していたのです。

そしてあるとき、自分自身の経験と数多くのエンジニアとの出会いから、私は年収の高いエンジニアと年収が低いエンジニアの決定的な違いを発見しました。

それは、まわりの人とのコミュニケーション能力です。

その後、Aさんに対してコミュニケーション力を高めるアドバイスをする機会をいただき、アドバイス通りに実践したAさんは、現在では高い年収を実現しています。

もうひとり、私のコンサルを受けたクライアントで印象的な方がいました。スーパーのレジ担当をしていた20代女性のBさんです。

最初に会ったとき、Bさんは自宅にパソコンがありませんでした。Bさんは高校を卒業してから、スーパーの準社員として週5日間働いていました。フルタイム勤務のレジ担当でしたが、月収は20万円に届かない状況です。

Bさんの趣味は、アニメのイベントに参加することでした。いわゆる「推し活」にお金を使っており、いつも「お金が足りない」「副業したい」というのが口ぐせ。そして、Bさんは自分が高卒であることに強いコンプレックスがありました。「私なんて……」と、すぐに自分を卑下するBさんは、給料が上がらない現状に真剣に悩んでいました。

そのような状況のなか、Bさんは「なんとか人生を変えたい」と私に相談してきてくれたのです。私の6ヶ月間のコンサルティングの後、Bさんはパソコンの技術力とコミュニケーション力をぐんぐん吸収し、自信をつけていきました。

自信に満ち溢れ、高いコミュニケーション力を身につけたBさんは、IT会社のエンジニアの採用面接に見事合格しました。現在では、会社と給与交渉し、テレワークで月収40万円以上の条件で働いています。

私が関わってきた多くの事例のなかから、AさんとBさんのエピソードを紹介しました。この2つの事例だけでもわかるのは、やはり、コミュニケーション能力の高さとエンジニアの年収の高さは比例するということです。

本書では、のべ1000人以上のエンジニアの年収を上げてきた私が、稼げるエンジニアになるための必須スキル、「エンジニア・コミュニケーション」を包み隠さずお伝えします。ぜひ、本書を読んでエンジニアとしての年収を上げてくださいね。


紹介が遅れました、私は斎藤和明と申します。

もともとお笑い芸人でしたが、現在は株式会社ラブサバイバーの代表として、IT企業のエンジニア向けのコミュニケーション研修や、個人のエンジニア向けに副業や起業などの相談に乗っています。

そして、私自身もみなさんと同じエンジニアです。今もフリーランスでインフラエンジニアの業務をしています。

珍しい経歴だと感じると思いますが、簡単に私がエンジニアになった経緯をお話ししましょう。

私は、子どもの頃から人を喜ばせる芸人という職業にずっと憧れていました。高校を卒業するときに、お笑い養成所の願書を取り寄せたぐらいです。ただ、三人兄弟の長男だったので、不安定な職業のお笑い芸人を諦め、手堅く大学に通うことにしました。大学には、お笑い学科はなかったので、総合福祉学部に通っていました。

大学卒業後は、「手に職をつけて稼げる職業がよい」と考えて、エンジニアの道を選びました。大学時代にパソコンクラブで Word や Excel の資格の勉強をしていたので、パソコンに抵抗はなかったというのも理由のひとつです。

就職活動では数社から採用されましたが、最終的に選んだのは従業員100名以下のIT企業でした。IT企業には珍しく、教育事業もやっているので興味が湧いたからです。そして、普通のエンジニアとして社会人のスタートを切ったのですが、入社3年目にして、どん底を経験します。

ある日、重度のうつ病と診断されたのです。

きっかけは一瞬の出来事でした。上司が行なった仕事で、重大なミスを見つけたので正直に上司に報告したら、「お前が始末書を書け！」と、急に怒鳴られて私のせいにされたのです。

一方的に怒鳴られた私は、それ以降「やる気スイッチ」がオフになりました。暗くなった蛍光灯のように、元気がなくなってしまったのです。

しばらくして「これはまずい……」と自覚して心療内科に行くと、案の定、「うつ病です」と医者に告げられました。

初診から半年間、会社を休みました。休んだら心が元気になり、職場に復帰しましたが、復帰して4ヶ月が経った頃、うつ病の症状が再発し、さらに1年間休職することになりました。自分では仕事をしたいのに、なかなか仕事に戻れる気分になれず、本当につらい経験をしました。長期間休んだため、会社を辞めざるを得ない空気になり、最終的には退職するに至ったのです。

まわりの人とどう向き合えばいいのかと悩みながらも、心を切り替えて、転職活動を開始しました。

ありがたいことに、専門職のエンジニアは〝引っ張りだこ〟の職業で、無事に転職することができました。転職後は、うつ病と付き合いながらも、昔憧れていたお笑い芸人にも副業として挑戦することにしました。

芸人の仕事では、「THE MANZAI」に出場するまでになりました。芸人養成講座や漫才の舞台は新鮮で、学びも多い期間でしたが、自分のなかで「全力を出し切った！」と思えたとき、お笑い芸人を卒業しました。

実は、システムエンジニアとお笑い芸人の二足のわらじを履いていた期間、私はとても大事な力を身につけていたのです。

そう、それは「コミュニケーション力」でした。お笑い芸人に挑戦したことで、気がついたらコミュニケーション力が磨かれていたのです。

芸人になる前のエンジニアの給料は、30歳まで年収300万円を超えなかったのですが、芸人で培ってきたコミュニケーション術を職場で実践したところ、なんと年収がプラス100万、プラス200万と毎年アップするようになったのです。

気がついたら、その頃には新卒エンジニアの年収の4倍以上になっていました。この自分の経験をもとに、株式会社ラブサバイバーを創業し、現在では転職成功率100％の「インフラエンジニア養成講座」を行なっています。

講座では、エンジニア向けのコミュニケーション指導やパソコン技術のカリキュラムを独自で考案して、リアルとオンラインで教えています。

特に印象に残っている講座生は、未経験で同じ派遣会社に所属する同僚10人のメンバーです。

私も彼らも、仕事終わりの夜7時にファミレスに集合しました。2時間以上もパソコンスキルを教えたり、ヒントを与えて自習を見守ったりと、とにかく根気強く指導したのを覚えています。

そこには、20代前半から30代半ばのメンバーが集まっていました。当時の派遣社員は今よりも給料が低く、時給1200円のフルタイムでも手取り月収14万円。とても経済的に苦しい生活をされていました。今から振り返ると、夜のファミレス代も相当きつかったと感じますが、彼らも「この状況から抜け出したい！」と必死でした。

私は前職のときに教育担当、人事、営業などの幅広い経験もしていたので、さまざまな角度から2ヶ月間みっちり指導することができたのです。

その結果、なんと10人全員、誰ひとり欠けることなく、エンジニアに転職することができました。当時の私は、講座生と「やったー！」とハイタッチして喜びました。

ある講座生Cさんは、エンジニアになったことで、家族と過ごす時間をつくれるようになりました。また、在宅ワークで好きな時間に働いて、以前の2倍の月収40万円を超えたDさんもいます。

このように、数多くの年収アップエンジニアを輩出させていただきました。

私の使命は「全国のエンジニアのうつ状態をなくすこと」だと考えています。

「仕事でうつ病になった私にしか伝えられないこともあるのではないか?」と自問自答した結果、この使命に気づきました。

エンジニアとしてのコミュニケーション力が高くなれば、年収がアップし、うつ病のエンジニアも減らせると確信しています。

本書は、現役エンジニアとこれからエンジニアになりたい多くの方をサポートするために、キャリアアップと年収アップのコツを余すことなくお伝えするつもりです。

今よりも稼ぎたい方は、私と一緒に楽しく学んでいきましょう。

キャリアアップと年収アップをかなえる　エンジニア・コミュニケーション●目次

1章

なぜ多くのエンジニアの年収が頭打ちになるのか？

2章

稼げるエンジニア・コミュニケーション　7つのメリット

3章

気づくとまわりの評価が高くなる！エンジニア・コミュニケーション【実践編】

4章 上司から評価されるエンジニア・コミュニケーション

5章

部下から信頼されるエンジニア・コミュニケーション

6章

社外コミュニケーションを磨けば独立も見えてくる

7章

稼げるエンジニアの7つの特徴
――コミュニケーションの落とし穴に気をつけよう

●企画プロデュース　町田新吾
●編集協力　國久裕香
●カバーデザイン　三枝未央
●本文デザイン・DTP　マーリンクレイン

1章

なぜ多くのエンジニアの年収が頭打ちになるのか？

なぜ多くのエンジニアはコミュニケーションが苦手なのか？

本章では、エンジニアの年収に「ガラスの天井」ができてしまう原因についてお話しします。

私の知り合いのエンジニアには、「正社員で何年も働いているのに年収が上がらない……」と悩んでいる方が少なくありません。エンジニアの年収が頭打ちになる一番の理由は、コミュニケーション能力の低さにあります。営業職のような職種とは対照的に、**エンジニアは人と接するのが苦手な人が多い**と感じます。

多くのエンジニアは寡黙にコツコツとパソコンと向き合うのが好きです。集中して何かを創り上げる能力は素晴らしい能力だと思いますが、なぜコミュニケーションが苦手なエンジニアが多いのでしょうか？

■話すのが苦手だからエンジニアの職を選んでいる

ひとつの理由は、そもそも話すのが苦手な人がエンジニアになっていることです。例えば、私が昔勤めていた職場の同僚Jさんのケースを紹介しましょう。Jさんは、30代半ばの男性で、不動産会社の社内システムエンジニア（以下、SE）として働いていました。Jさんは、理系の学生時代にプログラミングを勉強し、エンジニアになったそうです。

あるとき、Jさんに「なぜエンジニアになったのですか？」と質問すると、**「人と話すのが苦手で、エンジニアなら話さなくて済むと思ったからです」**という答えが返ってきました。

本人が自覚しているように、Jさんは緊張すると吃音でうまく話せなくなるタイプでした。飲み会の場や仲のよい人となら普通に話せるのですが、初対面の人や特に親しくない人とは緊張して話せなくなってしまうのです。

Jさんの社内SEという職種は、パソコンの調子を確認したりセッティングしたりするような業務です。プログラミングスキルは必須ではありませんが、Jさんは独自の業務効率化ツールを開発できるほど高いスキルを持っていました。

私は、「スキルの高い人なのに、コミュニケーション力の低さから評価されないのはもったいない！」と思ったのを覚えています。

また、テクニカルサポートエンジニアのTさんも、コミュニケーションが苦手な方でした。当時、転職活動中だった25歳のTさんは、第二新卒だったので本来は引く手あまたで転職もすんなり決まるはずでした。しかし、Tさんは企業面接で30回以上落ち、ついには転職の面倒を見てくれた上司がさじを投げてしまったのです。

Tさんの上司は、私がフリーエンジニアになる前の上司であり、「Tくんを斎藤くんの会社で雇ってもらえないだろうか？　頼むから彼を雇ってほしい」と泣きつかれて、私の会社で働いてもらうことにしたのです。

私の前職の上司はITエンジニア派遣の営業職であり、いわばエンジニアのキャリアサポートや面接時のアピールを考えるプロです。「この道のプロがそこまで頼み込むのはなぜだろう？」と不思議に思っていたのですが、Tさんに会った瞬間に謎は解けました。

厚めの黒縁メガネをかけたTさんは〝ぶっきらぼう〟という言葉がぴったりの人でした。つまり、素直さや愛想がなく、誰がどう見ても「採用したら使いづらそう……」と感じるだろう雰囲気。失礼になるほど悪い態度ではないのですが、「一生懸命がんばります」というやる気はまったく感じられません。

また、面接ではカンペを見ないと話せず、相手の目を見ることができません。相手がどんな答えを求めて質問しているかを理解できず、自分のアピールポイントをうまく伝えることができないのです。

しかし、Tさんは自分の好きな話題になると声が大きくなり早口でどんどん話すタイプ。「面接で流暢に話してくれたらいいのに!」と、元芸人の私でなくてもツッコミを入れたくなるような人でした。

実は、この二人のように、仲のよい人や好きな話題に限れば話せるけど、その他はコミュニケーションがうまく取れないエンジニアは多いのです。

■コロナを機にコミュニケーションの機会が激減！

コミュニケーションが苦手なエンジニアが多い２つ目の理由は、コロナ禍でオンライン会議が圧倒的に多くなり、さらに人と話す機会が減ったことです。

ただでさえコミュニケーションの苦手なエンジニアが、さらに話す機会が減ったため、人との接し方を忘れてしまったエンジニアもいます。

ＩＴエンジニアの仕事のほとんどはオンラインのやりとりだけで済むため、リアルで上司や近くの席の同僚と会話することが激減しました。朝から晩まで黙々とパソコンに向き合い、１日中誰とも話さない毎日が続くと、コミュニケーションの仕方を忘れてしまうのです。

このように、近年はコミュニケーション不足が加速して、人と話すことを苦手に感じるエンジニアがますます増えているのです。

コロナ禍でコミュニケーションのトラブルも多発

コミュニケーションの苦手なエンジニアが増えると、比例して職場でのトラブルも増えていきます。ＩＴ業界の人はオンラインやチャットでのやりとりで話を完結させる傾向がありますが、それだけだと実際にはトラブルも起こります。

その**原因はコミュニケーションの質にある**と考えています。もともとコミュニケーションが苦手な人が多いエンジニアですが、コロナ禍で出社が減り、リアルなコミュニケーションをする機会が減りました。さらに、オンライン会議では、画面をオフにして、声だけで進行するケースも非常に多いです。

みなさんは「メラビアンの法則」という有名な法則をご存じでしょうか？　「メラビアンの法則」は、人と人とのコミュニケーションにおいて、どんな情報が相手に影響を与えているかを法則化したものです。

多くの人は「適切なフレーズで話をすれば相手に伝わる」と思いがちですが、**言語情報は7％しか相手に影響を与えていません。**実験によると、コミュニケーションにおいて、**視覚情報55％、聴覚情報38％の合計93％の非言語による情報が大きく影響を与える**という結果が得られています。

つまり、出社してリアルにコミュニケーションが取れる場合、93％の非言語情報から相手の伝えたいことを理解することができます。しかし、在宅勤務でオンライン上で画面オフの会話だと、55％の視覚情報が失われ、聴覚と言語による残りの45％から情報を理解するしかありません。

与えられる情報が通常の半分以下になると、トラブルが起きやすくなるのは当然でしょう。ミスコミュニケーションによって解釈の違いが起きると、のちのち大きなトラブルに発展することがあります。

■オンラインの落とし穴

実際に、私自身もかつてトラブルの現場に居合わせたことがあります。フロントエンジニアのLさんのケースで説明します。Lさんは、同じ現場の後輩で、私とは別の会社から派遣されている男性エンジニアでした。Lさんはお世辞にも仕事ができるほうではありませんでしたが、チームリーダーだった私は彼の面倒を見ながらプロジェクトを進めていきました。

あるとき、Lさんは「毎日打ち合わせしなくてもいいんじゃないですか？　週一にしましょうよ」と提案してきました。「一度やってみよう」ということで、実際に打ち合わせの回数を減らしたのですが、1週間経ってからLさんは依頼された内容と全然違う方向でタスクを進めていることが発覚しました。

結局、毎日の打ち合わせに戻し、プロジェクト自体はことなきを得ました。しかし、Lさんはその現場を早期に退場せざるを得なくなりました。コロナ禍でなければ毎日出社していたので、このような事態は免れたと思います。しかし、Lさんはチャットだけでコミュニケーションができるような人ではなく、このプロジェクトで力を発揮するのは難しかったのです。

Lさんのケースは、私自身も悔やまれる出来事でした。このとき、話す頻度が少ないだけで仕事が意図せぬ方向に進んだり、何かあったときに気づけなかったり、コミュニケーション不足による弊害の大きさを痛感したのです。

このように、出社すれば通常通りに仕事ができる人でも、コロナ禍でのコミュニケーション不足で年収が下がるケースは少なくありません。「仕事のオンライン化がよくない」と言うつもりはないのですが、このような事態はコミュニケーションを工夫すれば回避できることだと考えています。状況に合わせたコミュニケーションができると、まわりから重宝されるエンジニアになるでしょう。

「エンジニアは話さなくて済む職業だ」と思っている

ＩＴエンジニアに「なぜエンジニアを選んだのですか？」と聞くと、意外と多い答えがこれです。「人と話さなくていいと思ったから、エンジニアになった」というもの。

「えっ！　そんな理由で職種を選ぶの⁉」と思う人もいるかもしれません。しかし、コミュニケーションの苦手な人にとっては、話さなくてもできる仕事は非常にストレスフリーで快適なのです。

営業職に限らず、ほとんどの職業は人との会話を避けては通れません。しかし、**エンジニアは黙々とひとりで作業する時間が長い職種**です。なかには「一生、人と話さなくて済むと思ったから選んだ」という人もいます。コミュニケーションが極度に苦手な人にとっては、とてもありがたい仕事に映るのでしょう。

話すことが苦手な主な原因は単純に、これまで人と話す経験が少なかったことでしょう。過去の体験からメンタルブロックがかかっていたり、「自分は人見知りだし口下手なタイプだ」と思い込んでいると、より苦手意識が強くなります。そこで人と接する仕事を避けようと、技術一本で孤独に仕事をするイメージのあるエンジニアを選ぶ人が多いのです。

■人と話そうとしないエンジニアたち

明らかにコミュニケーションが苦手だと思うエンジニアには、私もたくさん出会ってきました。エンジニア向けのオンライン交流会で知り合った40代後半のUさんは、IT業界歴20年近くの大ベテラン。経歴もすごい男性エンジニアでした。

まだコロナ禍だったので、オンラインでパソコンの画面越しにお酒を持ち寄り交流するイベントで、参加者で乾杯するときに事件は起こりました。なんと、Uさんは乾杯前にもかかわらず、なぜかずっとひとりでポテトチップスをパリパリ食べていたのです。私は思わず目を疑いましたが、当然ほかの参加者の方は静かに乾杯の合図を待っています。「変わった方がいるなぁ」と思っていると、乾杯が終わって談笑している最中も会話に加わらず、いきなりタバコに火をつけて一服しはじめたのです。「一体、何しに来たんだろう？」と思えるほど、交流に後ろ向きで、一瞬でUさんとの間に高い壁を感じました。

また、私が若手社員のときの現場の先輩、Gさんもコミュニケーションが苦手な方でした。Gさんはとても優しい先輩なのですが、普段はあまり話さず、たまにしゃべっても声が非常に小さくて聞き取りづらいタイプ。ある日、飲み会が終わり、一緒に帰ったのですが、電車で1時間ずっと無言で、私から質問しても一言で会話が終了するのです。会話のラリーが続かなければ、仲よくなることはできません。

「仕事はちゃんとやっているから、別に話さなくてもいいですよね」

こう考えているエンジニアは多くいると思います。しかし、職場でスムーズに仕事を進めるためには、人間関係が良好である必要があります。職場でのコミュニケーションを疎かにしていることこそ、実は多くのエンジニアの年収が頭打ちになっている原因なのです。

オンライン会議で画面オフの音声のみで話すＩＴ業界

エンジニア同士のコミュニケーションを遮断する主な原因のひとつが、**オンライン会議での画面オフ**です。本章で「メラビアンの法則」について説明しましたが、対面ではなく、モニター画面というパソコン越しの情報だと、情報量が少なく、正確にメッセージが伝わりづらいものです。相手の声のトーンや抑揚だけで「今日は機嫌がよさそう」「今は急いでいるな」といった状況を判断するしかありません。

さらに、ＩＴ業界のオンライン会議では、自分が話すとき以外はミュートにするのが慣例です。こういったＩＴ業界の習慣が、コミュニケーションの苦手なエンジニアを生み出しているのです。

オンライン会議における画面オフの習慣は、ＩＴ業界以外の人からしたら異常な慣習だと感じるかもしれません。しかし、エンジニア同士では当たり前なので、もはや何も感じなくなっています。

ほとんどの企業では、**「オンライン会議は基本的に画面オン」「できるだけミュート解除して相槌を打つ」など、相手のリアクションを見ながら話を進めるためのルール**があります。よほど騒がしい場所にいる場合はミュートにするかもしれませんが、そのときでも「あなたの話をちゃんと聞いていますよ」というアピールをするために、画面オンにして表情だけでもリアクションを返すものです。

しかし、私はこれまで数多くのＩＴの現場を経験していますが、オンライン会議において「画面オンにしてコミュニケーションを取りましょう」と取り決めている現場は1社だけでした。

さらに、日常的に画面オフのＩＴ業界では、驚くべきケースもあります。それは、転職活動中にしっかり自己ＰＲを練習し、面接を受けたら、「面接官が画面オフだった」というもの。面接官が画面オフだと、こちらもどういったリアクションを取るべきなのか読みづらいでしょう。表情が読めないので、せっかく用意した自己ＰＲも面接官に好印象を与えているのかを確認できません。実際、「顔を見ずに面接する会社は失礼。そんな会社は不安なので入社したくありません」と、求職者が内定を辞退することもあります。

ＩＴ業界の慣習に慣れすぎると、こういったすれ違いも起きてしまいます。また、画面オフやミュート参加のように、過度にコミュニケーションを断つと、仕事で重大なトラブルに発展したり、精神的に病んでしまったりすることがあります。相手にしっかり伝わっているかどうかを確かめるためにも、面倒くさがらず積極的にコミュニケーションを取るようにしましょう。

まわりの人と無意識に壁をつくってしまうエンジニアたち

コミュニケーションが苦手なエンジニアは、周囲の人との間に見えない壁をつくりがちです。その結果、対面でもチャットでも、「なんか話しかけづらいな」「あの人に相談しても共感してくれるのかな」と周囲から距離を置かれてしまいます。

壁ができる理由は、これまでの人生でコミュニケーションの経験が不足しており、**「相手がどう感じるか？」という視点が足りない**ことだと言えます。

「相手が距離を感じるような話し方をしてしまった……」

「少しまわりにきつくあたってしまった……」

このようにその場で気づけば、大きな問題にはなりません。「悪気はなかったのですが……」とすぐに謝罪して、相手との関係性を修復できるでしょう。しかし、まわりと壁をつくってしまうエンジニアたちは、**自分で気づいていないので、リカバリーが**

難しいのです。

例えば、私の同僚だったNさんも壁をつくるタイプでした。Nさんが作成した手順書を私がチェックし、「初見の印象としてここがわかりづらいと思います」とレビューを返したら、すぐにチャットが返ってきました。

「ここに書いてありますよ！　見ればわかります！」

このように強く言われたので、私が手順書を見返すと、どう考えても初見では気づけない後半の目立たない箇所に知りたい内容が書いてありました。お客さまに提出する資料は、誰が見ても一発で伝わるようにまとめることが基本だと思います。しかし、Nさんの手順書は最後まで細かく読み切らないと理解できないような章立てと文章になっていたのです。

私は客観的に感じたことを伝えたのですが、「ちゃんとここに書いてあります！　見てないほうが悪いです！」という上から目線の返事をされると、次から感想を言いづらくなります。チャットだったから、余計に冷たく感じたのかもしれませんが、こういうコミュニケーションは、敵をつくってしまうので非常にもったいないと感じます。

ＩＴエンジニアのなかには、Ｎさんのような方はよくいます。その方に悪気はないのでしょうが、相手の気持ちを考慮しないと、どんどん周囲に強固な高い壁がつくられてしまうでしょう。誰かにアドバイスしてもらったら、「うれしいです。いつもありがとうございます！」というような前向きな一言を付け加えれば愛される人になります。スキルだけでなく、こういうコミュニケーションを磨けば、もっと現場から重宝されて、年収も上がります。ぜひ意識して相手に対する反応を変えてみてくださいね。

いきなり専門用語を使うので、まわりに伝わらなくなる

「ログ分析するならCloudWatchよりAthenaでしょ」

「WSLでやればLinuxのコマンドが打てますよ」

みなさんはこれらの説明を聞いて理解できますか？　もちろん、ベテランのエンジニアの方ならわかると思いますが、IT初心者の方や、エンジニアの方でも専門分野が異なると伝わらないでしょう。


上司のアドバイスや会議中の会話に、あなたの知らない専門用語が出てくるとそれだけで話の筋がわからなくなると思います。おまけに、**専門用語を解説するのにさらに難しい専門用語を使われたら、もうお手上げ**です。実はこれらは、IT業界においてはよく見る光景なのです。

では、冒頭の「ログ分析するならCloudWatchよりAthenaでしょ」を詳しく説明

してみましょう。みなさんがよく知る Amazon は、インターネット上の情報のように、見えない仮想空間にデータを保存できる「クラウドサービス」を提供しています。これを「Amazon Web Services」、略して「AWS（エーダヴリューエス）」と言います。そして、AWSのサービスに「CloudWatch（クラウドウォッチ）」と「Athena（アテナ）」があります。どちらもパソコンのログ（データ通信の履歴や情報の記録）を分析するためのツールで、「Athena」のほうがデータ分析に特化したサービスなのでオススメしている、という発言でした。

いかがですか？　丁寧に説明すると、非常に長くなることに気づくと思います。知っている人からすると、とてもまわりくどく感じるかもしれません。しかし、ここまで詳細に説明がないと、理解してもらえず、作業が捗らないこともあります。

ただでさえIT用語は横文字が多く、IT初心者にとっては何を指しているのかわからない場合も多いでしょう。経験者のエンジニアにとっても、「知っているのが当たり前」という雰囲気で、自分の知らない専門用語で会話がはじまると、**「教えてほしいけど聞きづらい……」**という事態に陥ります。

また、「自分で単語を調べたけど結局よくわからなかった」ということもあります。わからないまま作業を進めると、「実はぜんぜん指示と違うことを行なっていた」というトラブルが発生するリスクもあります。正しい方向に軌道修正することは、上司にとっても二度手間になってしまいます。

指示を的確に伝えるためには、**お互いにあと少しの優しさを加えたコミュニケーションを心がけると**よいでしょう。ワンポイント解説をして最初の指示を出したり、作業中も質問しやすい環境や雰囲気をつくったりすることも有効です。少し進んだら確認し、コミュニケーションの密度を高めることでトラブルを回避することができます。

さらには、**専門用語を噛み砕いて説明できると、マネジメント側に立つコミュニケーションができる人**と見なされ、昇進や年収アップにつながります。普段から相手を意識した親切なコミュニケーションを意識してトレーニングしましょう。

プロから話し方を学ぶ機会がなかったことも原因

前述した通り、IT用語は英語やカタカナが多く、難しい専門用語が多いです。ただでさえコミュニケーションが苦手なエンジニアが、専門用語を多用して話すと、より相手に伝えたいことが伝わらない事態に陥ります。

だからと言って、落ち込む必要はありません。もしコミュニケーションが苦手な人は、話す練習をたくさんするか、コミュニケーションの勉強をすればいいだけです。

コミュニケーションはやはりプロから学ぶのが一番です。

コミュニケーションのプロは会話の「間」、言葉の使い方、合いの手を入れるタイミング、話の切り上げ方など、どれも非常に上手です。私もかつて芸人時代に徹底的に練習を重ねました。繰り返し修練するとコミュニケーションのコツがわかってきます。

「面倒くさい」と言って学ばなければ、ずっと苦手なままです。

例えば以前働いていた現場で、実際にこんな場面がありました。私と同じ職場のインフラエンジニアのKさんはお客さまとの会議で驚くほど長く話をしたことがあります。会話のなかで〝専門用語の矢〟の打ち合いをはじめ、知識がないことを認めたくなかったのか、「根拠は？　裏付けのデータはあるんですか？」「自分の思いだけで話していませんか？」などとしつこく質問し、結局会議が終わったのはなんと4時間後でした。「ようやく解放された〜」とぐったりしたのを鮮明に覚えています。

このように、専門用語のラリーが好きなエンジニアはよくいます。しかし、画面オフで表情がわからないなか、**相手の話を遮って話す人はかなりマイナスイメージ**です。さらに**4時間も話すのはナンセンス**だと思います。本当に話すのがうまい人は聞く力があります。**「話し上手は聞き上手」**なのです。相手の話をしっかり聞いているので、相手にとって本当に必要なことがわかり、端的に伝えることができます。

普段からコミュニケーションが上手な人は、会議でも場の空気をうまくまわしながら、スムーズに議題をまとめることができます。

仕事で活かせるように、まずはコミュニケーションのプロから学んでみましょう。私もはじめは YouTube 講演家の鴨頭嘉人氏から学んでいました。今では自分主催のITスクールでも、「エンジニア・コミュニケーション」に特化して教えています。コミュニケーションが苦手なエンジニアが多いのは、**苦手なままで放っておくから**です。自発的にコミュニケーションスキルを磨くように心がけると、頭ひとつ抜きん出たエンジニアとして重宝されるでしょう。

エンジニアの年収格差は、技術ではなくコミュニケーションにある

エンジニアの方はついついスキルさえあればキャリアアップできると思いがちです。真面目な人は土日の休みにも、独学でスキルを高めたり、ＩＴ資格の勉強をしたり、自らアプリ開発やサイト構築をしたりしています。ただでさえ残業や土曜出勤、夜勤もあるようなＩＴ業界で、**休日までパソコンと向き合っていたら、ますますコミュニケーション不足が加速してしまいます。**

はたして本当にスキルさえあればキャリアアップできるのでしょうか？

答えはノーです。確かに、スキルが上がれば昇給したり、単価の高い案件に参画できたりします。しかし、いつかは天井がきてしまいます。なぜなら、**いくらスキルが高くてもコミュニケーションが苦手な人とは、相手が仕事しづらい**からです。逆に、

話ができるエンジニアは、どこに行っても引く手あまたであるのも事実です。

例えば、コミュニケーション力の高いフリーランスエンジニアが次の仕事案件を探そうとした場合を考えます。エージェントAだけでなく、エージェントBからも「うちで働いてください！」と声をかけられ、ひっぱりだこの状態になります。すると、相見積もりを取るように、似たような案件であれば単価や条件のよいほうを自分の差配で決めて参画することができます。もちろん、どちらのエージェントとも関係性を崩さないようにうまくやる必要がありますが、やり方を間違えなければ問題ありません。

仕事を紹介するエージェント側からすると、スキルだけでなくコミュニケーションも長けているエンジニアは案件がすぐ決まりやすいので、何としても自社経由で決めたいと思っています。そのため、他のエンジニアよりも案件探しの優先順位を上げて、最速で案件を提案してくれます。

優秀なエンジニアはすぐ案件が決まってしまうので最優先でスピード重視なのです。

つまり、コミュニケーション力が高くなると、仕事探しに困らず、収入や環境面など、好条件で仕事をし続けることができるのです。

そういう私自身も、かつては収入の頭打ちに悩むエンジニアでした。会社で働いていた30歳の私は、年収がずっと300万円台から変化しないことに不満を抱いていました。そこで、自力で年収アップに成功したという知り合いのエンジニアに相談し、上司や面談でうまく伝えるコミュニケーションのコツを教えてもらえたのです。

教えてもらった通り実行したところ、見事、年収が100万円上がり、自分でもあまりの即効性に驚きました。技術力では私より高くても収入は私よりも低い人が職場にいたので、コミュニケーション力がどれだけ影響を与えるか、身を持って思い知りました。

■お金を払う側の立場で考える

同時にこのときに気づいたのは、**「お金を払う側の立場で考える」**ということの重要性です。**正社員なら上司、フリーランスなら依頼主の気持ちを考える**ことが重要です。お金を払う立場に立って考えると、同じスキルのAさんとBさんがいたら、コミュニケーションを取りやすい人に仕事を依頼するでしょう。フリーランスの場合は、特に顕著にその志向が表われます。**同じ金額を払うなら、ストレスフリーで働ける人材にお金を払いたい**と考えるのは当然です。

そもそもエンジニアは売り手市場なので、ＩＴ社会の現代においてよいエンジニアを雇いたいという企業は多くあります。しかし、需要に供給が追いついていない状況です。エンジニアのみなさんは、自分の市場価値をわかってください。そして、スキルに加えてコミュニケーション力をつけ、自分の市場価値を高めていくのがベストコースです。

稼げるエンジニアはコミュニケーションの達人

私はこれまで新卒から15年以上エンジニアとして働いてきましたが、やはりスキルよりも話し方を磨くほうが大事だと思っています。

なぜなら、**人と意思疎通が図れないと仕事になりませんし、愛嬌があれば多少スキルがなくても大目に見てくれるもの**です。もちろん、最低限のスキルは必要ですが、年収を上げたい・キャリアを高めたい方にとって、コミュニケーション力は必須スキルと言えます。

それは、**上司との関係性や転職時の話の運び方で、評価と収入が決まっていく**からです。稼いでいるエンジニアはコミュニケーション能力が高いと覚えておきましょう。

私には、Mさんというエンジニアのメンターがいます。Mさんは知り合った当時、私より圧倒的に稼いでいました。Mさんは、一度エンジニアを辞めて違う職種に就き、その後またエンジニアに復職した方です。知り合った当時はグローバル企業のデータベースを構築するエンジニアとして働いていました。

「稼いでいるMさんと自分では、何が違うんだろう？」と注意深く観察してみると、**Mさんは非常に物腰やわらかく、いつも私の話を丁寧に聞いてくれる**ことに気づきました。Mさんは、自分の考え方をしっかり持ちながらも、人の話をよく聞いて、場合によっては臨機応変に共感してくれるのです。一緒にいると、とても気分がよくなり、話そうと思っていなかったことまで思わず話してしまうほどでした。「Mさんほど円滑にコミュニケーションが取れたら、年収が高くて当然だよな」と尊敬したのを覚えています。

Mさんに出会っていなかったら、私は今でも年収が低いままだったかもしれません。本当にMさんには感謝しています。

また、高いコミュニケーション能力を活かして高年収になったアプリ開発エンジニアのKさんという方がいます。Kさんはもともとメーカーの社内SEでしたが、社会人2年目からフリーランスのアプリ開発エンジニアに転向しました。年数が浅かったので、いつも仕事終わりにアプリ言語の勉強をしていましたが、なかなか収入は上がりませんでした。

しかし、あるとき現場の上長から、「君、なかなか話せるから、お客さまとの会食に同席してよ」とお声がかかったのです。**クライアントとの商談では技術知識のほかに、営業力や調整力が問われます。**プライベートでも友人の飲み会によく顔を出していたKさんは会食でも大活躍。**見事コミュニケーション力を買われてディレクターへ転身**しました。

ディレクターは、エンジニアに指示を出すポジションであり、当然Kさんの年収もアップしました。

マネジメント職は、収入が高い代わりに、部下のエンジニアやクライアントと交渉をするため、高いコミュニケーション力が必須となっています。コミュニケーション力さえ身につければ、Kさんのようにマネジメント層へステップアップすることも可能です。

「相手の伝えたい内容をきちんと理解して発言する」「空気を読んで会話する」「自分本位でなくまわりに気を配る」といったコミュニケーションは大切です。

このようなコミュニケーションスキルを身につけると、チームリーダー、ＰＭＯ（プロジェクト・マネジメント・オフィサー）、ＰＭ（プロジェクト・マネージャー）、ディレクターといった職種にキャリアアップできるため、年収が上がります。

稼げるエンジニアになるためにも、仕事を円滑にするためにもコミュニケーションを取る頻度を増やしていきましょう。

ぜひ、本書を繰り返し読むことで、年収がアップするエンジニア・コミュニケーション術のエッセンスを身体にインストールしてくださいね。

2章

稼げる
エンジニア・コミュニケーション
7つのメリット

稼ぐための必須スキル！「エンジニア・コミュニケーション」とは？

ここまで、多くのエンジニアの課題はコミュニケーションにあるとお伝えしてきました。逆に言えば、コミュニケーション力さえ身につければ、仕事の評価が大きく変わり、稼げるようになります。

本書では、稼げるエンジニアが使っているコミュニケーション術を体系化した「エンジニア・コミュニケーション」をお伝えしていきます。エンジニアとして大きく活躍するには、改めて必須のスキルだと考えています。

ＩＴ業界におけるプロジェクトの進捗を大幅に遅らせている原因の多くは、実はエンジニア同士のミスコミュニケーションから生じる失敗なのです。

ですから、職場の同僚とのコミュニケーションが円滑になるだけで、**相手に仕事の指示が正確に伝わるので業務スピードが格段とアップ**します。さらに、エンジニアはリモートワークの多い職業なので、在宅ワークで起こるミスも未然に防げるメリットもあります。

特に在宅ワークの場合、チャットだけのやりとりに疲弊し、話し相手がいないのでストレスが溜まってしまう人もいます。「伝えたいことがうまく伝わらない！」とイライラが加速してしまうのです。お互いに気持ちよく仕事ができるように、マニアックな専門用語を使う代わりに誰もが理解できるわかりやすい単語を使うなど、相手への配慮も大切です。

■自分のライフスタイルを自分で決められる！

一度、正確に相手に伝わるコミュニケーション術を身につけると、サクサク仕事が進み、人間関係もよくなって昇進や収入アップにつながります。仮に転職する場合でも、面談で条件交渉をすれば、働く場所や時間、ほしい収入を自分である程度調整できるので、自由なライフスタイルを実現できます。
会社の残業を減らして家族との時間を増やしたり、フレックスタイムで子育てをしたり、田舎暮らしでリモートワークしたりと、**かなえたいと思っていた理想のライフスタイルが現実になり、人生の充実度が高まる**のです。

さらに、フリーランスになれば、働く日数や時間を決められるだけでなく、収入の上限もなくなります。また、チームで円滑に業務を進められるスキルがあると評価されたら、仕事を長期的に発注してもらうことも可能です。

このような理想のライフスタイルを実現するための第一歩は、自分自身のコミュニケーション能力を鍛えることなのです。本章では、エンジニア・コミュニケーションを身につけるメリットについてお伝えしていきます。私と一緒に、多くのメリットを確認していきましょう。

年収＝ITスキル×コミュニケーション能力

「会社で昇進したら給料が上がる」「フリーランスになれば収入が上がる」。このように考えるエンジニアは多いと思います。確かに、収入を上げるには会社における自分のポジションや働き方を変えることは有効です。しかし、かつての私と同じように、多くのエンジニアはスキルさえ高めれば年収が上がると思い込んでいます。はたして、本当にスキルが高ければ収入が上がっていくのでしょうか？

もちろん、大前提としてスキルはある程度必要です。やはり技術職ですのでロースキルでエンジニアとして収入を上げるのは難しいでしょう。また、ひとつの職場で働いていた期間、つまり勤続年数もベースとして大切です。もし、あなたがフリーランスになりたいなら、自分のスキルシートの中身を充実させる必要があるからです。いくらスキルが高くても短期間の参画ばかりだと、人間性や勤怠、仕事の進め方などに問題があると懸念され、書類選考で落とされる場合もあります。私の感覚だと、最低でも2年、できれば3年は会社員を経験してからフリーランスになるのが理想です。

■会社員の私が200万円年収アップできた理由

私は、エンジニアとして駆け出しの頃、フリーランスではなく会社員として収入を上げた経験があります。そのときに有効だったのは、やはりコミュニケーション力を使った交渉でした。

当時の私は年収が毎年変わらず、「いつまで経っても収入が上がらない……」と悩んでいました。そこで、別の会社で働くエンジニアのA先輩に相談したところ、「実は、話し方が大事なんだよ」とアドバイスをもらえたのです。ちょうど「もっとITスキルを上げないとダメかな……」と考えていたので、意外な回答だと感じたのを昨日のことのように覚えています。

その回答に食いついた私は、「話し方だけでどうして収入が上がるんですか？」と前のめりに質問すると、A先輩は**「斎藤くんは、自分の市場価値を知ってるかい？」**と答えてくれました。
詳しく聞くと、ネット検索や転職エージェントを利用すると自分の市場価値を調べられ、自分の相場年収を上司との給与交渉に使うという話でした。
いい話を聞いたと思った私は「このままではいつまでたっても同じ年収だ！」と一念発起し、さっそく上司との面談でA先輩に言われた通りに交渉してみると、すぐに昇進して年収も200万円アップしたのです。正直、本当に驚きました。

なぜ、このように魔法のような出来事が起こったのでしょうか？　まず、自分の市場価値がわかっていると、**「他社ではこれくらいの給料がもらえるんですけど……」と強気に話す**ことができます。もし、自分の要望が通らなければ、転職すればいいと考えているので、安心して交渉の場に臨めます。会社としても人材流出は防ぎたいので、社員の人材価値を再検討した結果、私の年収が上がったというわけです。

もちろん、時間をかけてスキルを上げてもいずれ年収は上がる可能性もあります。しかし、私のように交渉するだけですぐに収入がアップすることもあります。実は、

ＩＴスキルアップの勉強をするよりもコミュニケーション力を高めるほうが、短期間で年収アップにつながるのです。これは、多くのエンジニアにとって盲点かもしれません。

さらに、転職活動やフリーランスの面接時にも、コミュニケーション力の高いエンジニアは注目されます。コミュニケーションが苦手なエンジニアが多いなかで、集団面接でコミュニケーション力の高さをアピールできれば、選ばれる確率が高くなります。数社から内定が出たら、高収入の案件を選ぶこともできます。このように、高い年収を得るには、本書でお伝えするエンジニア・コミュニケーションを磨くことが非常に大事なのです。

次の項から、エンジニア・コミュニケーションを身につけることの具体的なメリットをお伝えしていきます。

メリット1：社内の人間関係に悩まなくなる

エンジニアに限りませんが、いつの時代も「転職する理由ランキング」の上位に入る項目が「人間関係」です。たとえ仕事が順調でも、上司や同僚との人間関係がこじれて社内の雰囲気が悪いと、出社するモチベーションが下がるのが人情です。

しかし、高いコミュニケーション力があればたいていの人間関係のトラブルは改善できます。なぜなら、**人間関係は自分の見せ方や伝え方のミスコミュニケーションが原因で悪化する**からです。

実際、私のまわりにも人間関係に悩むエンジニアを見かけます。当時の職場の後輩Fさんは、他社で働いていたときに、「JAVA」というプログラミング言語ができなくて、社内で落ちこぼれのレッテルを貼られてしまいました。Fさんは次第に周囲の視線が気になるようになり、最終的に人とうまく話せなくなってしまったのです。F

さんは人間関係の悩みから会社を辞め、アルバイト生活に転じました。もともとは単に自信がなかっただけだと思いますが、コミュニケーションが苦手だったことにより、さらに自分を追い込んでしまったのでしょう。

社内の人間関係は、相手の求めていることを理解して動くだけで良好になることもあります。しっかりと相手の話を聞き、様子を観察することで、相手を深く理解できるようになるからです。

私自身も上司が困っていることを手助けしたいと考えて、**上司にことあるごとに「何か手伝うことはありますか?」と質問していたら、職場のポジションがどんどん上がった経験があります。**また、飲み会の幹事をやったこともあります。「誰かやってほしい」と上司が思っていることを察して率先してやると、職場での自分に対するまわりの印象がよくなります。その結果、上司からの評価も上がり、やはり年収も上がっていったのです。

また、私が以前働いていた会社でエンジニア営業をしていたIさんとのエピソードも紹介しましょう。会社を退職してからも、私はＩさんと仲よくしていました。正社員で働いている間は、基本的に営業の選んだ派遣先に配属されるため、自分で選ぶことはなかなか難しいと思います。しかし、私は会社を退職後に独立したため、自分で案件を決められるようになっていました。独立した後、Ｉさんに仕事の相談をしたところ、顧客の案件を紹介してくれたのです。その案件は以前の案件よりも単価が高かったため、Ｉさんには本当に感謝しています。

このように、**「人とのご縁を大切に接する」「自分から積極的に話しかける」「まわりの役に立つことをする」**など、ちょっとしたことを意識してコミュニケーションするだけで、まわりとよい人間関係が築けるのです。

メリット2：上司や部下との関係がよくなる

職場の人間関係が良好であることは、仕事を進める上で言うまでもなく大切です。上司と部下の関係性がよい組織では、素晴らしいチームワークが発揮され、プロジェクトがうまくまわります。逆に、関係性が悪いとチーム内の雰囲気が悪くなり、報告が滞ったり、仕事上のトラブルが頻発したりします。上司と部下の関係性をよくするには、円滑なコミュニケーションが何よりも大事です。

上司とうまく関係を築いている方の事例をご紹介しましょう。知り合いの会社員エンジニアNさんは、現場の上司に自分の悩みを素直に打ち明けて相談するタイプでした。Nさんはアドバイスをすぐに実行するので、現場で非常に可愛がられ、愛想のよい人として社内で有名になったそうです。

また、私自身も上司とのコミュニケーションが良好になったことで、高いスキルが身につく現場を紹介してもらい、年収が上がった経験があります。たとえ職場の人間関係であっても、思い切って心を開いて積極的に趣味などの自分の話をすると、思わぬ展開になることもあります。意外に盛り上がって上司と仲よくなり、結果的に仕事も捗ることが多いのです。このように、**上司やまわりの人に対して常にポジティブな印象を与えていくと、人間関係が徐々に改善していく**ことを感じるでしょう。

逆に、あなたが部下を持つ上司なら、どのようにコミュニケーションを取ればいいのでしょうか？　知り合いのSさんは、**学んでいる人を応援する**タイプの上司です。部下は応援されるともっと勉強をがんばりたくなるため、スキルが身につき成長します。部下マネジメントにおいて、Sさんは上司の手本だと感じています。

また、部下からは趣味やプライベートな話をしにくい場合もあるでしょう。**上司として先に話しかける**ことで、部下との関係性が深まるだけでなく、部下にとって居心地のよい職場になると離職も少なくなります。優れた上司はコミュニケーション力に長けているので、部下の様子や言いたいことを察し、抱えている問題を吸い上げます。問題を早期に発見できれば大ごとになる前に軌道修正も可能なので、計画的・安定的な納品につながります。

このように、上司、部下などの役職にかかわらず、コミュニケーションが上手になれば、相手との関係性は良好になります。その結果、仕事が捗り、チームがうまく機能するようになり、会社の売上も上がるのです。会社で昇進し続けるためには、コミュニケーション力は必須スキルと言えるでしょう。

メリット3：お客さまとスムーズに話せて印象がよくなる

「営業ではないのだから、お客さまと話す必要はない」と思っているエンジニアが多いと感じています。エンジニアは基本的にお客さまとの商談はないので、服装も自由です。しかし、自社から取引先企業へ出向して働くＳＥＳ（システム・エンジニアリング・サービス。エンジニアの技術力を提供する契約）の場合、出向先で一緒に働く人たちはお客さまにあたります。そのため、**当然「会社の顔」として振る舞う必要があり、長期的によい人間関係を築くことが大切**です。そこで、エンジニアにも現場でのコミュニケーション力が必要になってくるでしょう。

また、ＳＥＳで派遣される前には取引先企業の担当者との面接があります。面接で合格しないとそもそも出向先が決まりません。やはり、ここでもコミュニケーション力は必要なのです。私は面接で落ちた経験はほぼないのですが、面接で受かるためには押さえておきたい大事なポイントがいくつかあると感じています。

まず、自分の見せ方は大切です。ＩＴ業界はオンライン面接が多いのですが、オンラインだと普通に話しても声が低く暗めに聞こえます。そのため、私は**声のトーンを上げることや、明るく愛想よく話す**ことを意識しています。「少しオーバーリアクションかな？」と思う程度にうなずきを大げさにすることもコツです。反応が薄い人より、やはりリアクションが大きいほうが好印象になります。

また、自信がなくても**自信がある人だと思われるように堂々と話す**ことが大事です。エンジニアは控えめな人が多く、たいていの場合、自分が思っているより高いスキルを持っています。せっかくスキルがあっても、自分のよさがうまく面接官に伝わらないのは、本当にもったいないことです。

どちらかと言えば、エンジニアは無表情で静かな人が多いので、逆に、**笑顔でハキハキと話す**ようにしましょう。すると、「エンジニアでこんなハキハキ話す人に会ったことないです！」と注目され、面接で採用される確率が一気に高まります。

出向した職場では、お客さまとの関係性をよくすることも大事です。仕事をしっかりこなすことはもちろん、**「誠実に対応できているだろうか？」「挨拶はきちんとできているか？」など、セルフチェック**して、基本的なコミュニケーションから見直す意識を持つとよいでしょう。お客さまに「仕事がしやすかった」と感じてもらえたら印象はバッチリです。好印象を残せば、再発注につながります。

「またお願いしたい」と思われる自分かどうかを意識しながら、対人コミュニケーションを心がけるとよい人間関係を築けると思います。

最初は大変に感じるかもしれませんが、一度エンジニア・コミュニケーションを身につけておけば、フリーランスとして独立しても、再発注される取引先として安定的に稼げるようになります。会社員のときから、無駄だと思わずにすべての経験はコミュニケーション力を高める機会だと捉え、毎日の自分の会話を見直してみることをオススメします。

メリット4：ちょっとしたミスが許されるようになる

仕事をしていれば誰でもミスを起こすことはあるでしょう。機械化が進んでいるとはいえ、機械を動かしているのは生身の人間です。特にエンジニアはシステムをつくる側なので、ヒューマンエラーも当然起こります。手作業である以上、ある程度のミスは仕方ないと思いますが、起きた後に信用をなくすことは避けたいものです。

同じ職場に、ミスをしてもなぜかいつも許されている人がいたりします。なぜ、ミスが許される人とちょっとのミスでも厳しく怒られる人がいるのでしょうか?

それは、**「愛嬌があるかないか」**だと考えています。

ちょっとしたミスをしても許される人は、コミュニケーション力が高く人間関係の築き方が上手です。さらに、普段から真面目に仕事していることが周囲に伝わっていれば〝信頼残高〟があるので、ちょっとしたミスなら許されます。

愛嬌があるだけで相手は「仕方ないな。今回は目をつむってやろう」という気持ちになります。「怒りたいのになぜか許してしまう」と相手に思わせる人は、どんな場面でも軽やかに生きています。

では、「そもそも、末っ子キャラではないし……」と思った人はどうしたらいいのでしょうか？　私の知り合いのエンジニアにOさんという方がいます。Oさんが新卒のときに入った会社で、録音装置のシステムをつくっていたときです。Oさんの会社の同僚であるPさんは、あるとき、お客さま先の録音装置を確認していると設定が間違っていることに気づいたそうです。Pさんは「急いで直さねば」と焦り、上司の許可をもらわずに、土日に修正しようと無断で働いてしまいました。

また、開発には本番環境（お客さま先の環境）と開発環境（ミスしても大丈夫な開発のためのテスト環境）という2種類のサイトがあるのですが、本番環境を使うときはお客さまに「今から作業します」と連絡しないといけません。しかしPさんは連絡せずに作業をしてしまい、土日出勤の件とダブルで上司から怒られたそうです。

■素直に謝る態度も大切

Pさんのように、報告・連絡・相談（報・連・相）のコミュニケーションができていないと、当然社会人としては怒られるでしょう。

さらに、ミスを注意されたときにムスッとした顔をしたり、ヘラヘラしたりすると、「注意したことをまったく反省してないな」と判断され、評価が下がってしまいます。

ＩＴ業界のエンジニアのなかには、このような態度で評価を下げる人が存在するのも残念ながら事実です。

ミスしたときは誠実に「申し訳ありませんでした。以後、気をつけます」と素直に謝ると、たとえ愛嬌がなかったとしても、相手は怒る気持ちが失せるものです。

しっかりと誠実なコミュニケーションを心がけることで、ミスをされた相手が「許してあげよう」という気持ちになってもらうことは大事です。大前提としてミスをしないに越したことはないのですが、もしミスしてしまったときには実践してみてください。

メリット5：残業が減り、家族との時間が取れる

エンジニアの仕事は、エラー対応やリリース作業で定時に帰れないなど、土日出勤や深夜残業があることも事実です。しかし、コミュニケーション力を高めると残業を減らして早く帰り、家族との時間を増やすことも可能になります。

なぜなら、コミュニケーション力の高いエンジニアは、**まわりと「報・連・相」を頻繁にまわしているため、スケジュール調整がしやすくなる**からです。

さらに、コミュニケーションを頻繁に取るエンジニアは業務時間に効率よく仕事をするので、その結果、残業を減らせます。

逆に、連絡が密に取れていないエンジニアだと、まわりがフォローできないので、休むことが難しくなってしまいます。私のスクールを受講してくれたGさんは、エンジニアへの転職を目指す会社員でした。スクールで「2日に1回は、勉強の進捗を教

えてくださいね」と伝えて本人も同意していたのですが、Gさんは一向に教えてくれませんでした。

どこまで勉強が進んでいるのか見えず、資格を取れば次のステップに進めたのですが、結局Gさんは本格的な研修に進む前に断念されました。これだと、資格取得だけでなく相手との信頼関係を築くのも難しいと思います。私はこのとき、改めてこまめなコミュニケーションの大切さを痛感しました。

■家族との時間も充実させられる

コミュニケーション力が高まると、企業の面接に受かりやすくなるので、待遇のよい企業や自分が就きたい案件に参画することができます。子育ての時間を多めにしたいと考えた場合も、**上司と密にコミュニケーションが取れているとかなえやすく**なります。

例えば、夕方に保育園のお迎えに行きたい場合、口頭で伝えるだけでなく、チームで共有している「Google カレンダー」に「保育園のお迎え」と登録して上司に見えるようにしておいたり、職場のキーマンになる上長に伝えておくと受け入れてもらいやすくなります。
働きはじめたばかりの現場なら、早めに出社して早めに退社することも有効です。しばらくは出社時間をコントロールして上司の様子を窺いながら、頃合いを見て事情を伝えるなど、社内の雰囲気に合わせて臨機応変にコミュニケーションを取るとよいでしょう。

コミュニケーションをしっかり取ることで上司やまわりの信用度が上がり、労働時間を減らすことができます。仮に毎日2時間の残業が減ったとしたら、月20日だと月に40時間も家族との時間が増えます。すると、子どもやパートナーとの時間を大切にでき、職場の人間関係もよくなっていますから、よいことづくしの生活を送ることができるでしょう。

メリット6：管理職になり年収が上がる

これまで、コミュニケーション力を高めるさまざまなメリットをあげてきましたが、もちろん、本書のテーマである年収アップにもつながります。

「将来、キャリアアップしていきたい」「収入を上げていきたい」と考えているのであれば、管理職になることもひとつの選択肢です。収入を上げるために管理職になりたいエンジニアは多いのですが、なかなかそう簡単にはなることはできません。

なぜなら、会社のなかでポストが埋まっていると、そのポジションに昇進できないからです。もし何年か待って管理職のポストが空いたとしても、自分が選ばれるとは限りません。昇進を目指す場合もフリーランスとして独立する場合でも、いずれにせよコミュニケーション力を磨いておくことに損はないのです。

では、管理職になるのに必要な能力とは何でしょうか？　もちろん、エンジニアとしてのスキルや知識、実績も必要です。しかし最も大事なのはコミュニケーション力だと断言できます。

なぜなら、**管理職の仕事は、エンジニアのチームを束ねること**だからです。やはり、タスクツールや書類だけで人をマネジメントすることはできません。

チャットや会議などのオンライン、対面で会ったとき、**あらゆるときに交わす会話のすべてが、部下との信頼関係の構築につながります。**対話が上手な管理職は、少しの言葉のやりとりや表情で部下の状態を的確に捉え、プロジェクト全体の進捗を把握することができます。

逆に、コミュニケーションが苦手な管理職は、無理な仕事を押しつけたり、その場に居づらい雰囲気をつくり出したりします。そのため、管理職の採用面接の条件にはコミュニケーション力も重要視されています。

かくいう私自身も、高いコミュニケーション力が評価されて昇進したタイプです。やはり、同じスキルと実績を持っている人でも、昇進・昇給のための交渉ができるかどうかだけで、将来が180度変わってきます。
私の場合は、スキルアップの勉強にお金をかけて、多くの自己投資をしてきました。自己投資をしている人は、基本的にパフォーマンスが上がるので、会社側も給料を上げることに前向きになってくれます。

■ＩＴ企業の管理職年収は高い

もちろん、コミュニケーションの練習をするためにお金を使うことも、自己投資のひとつです。お金と時間をかけてコミュニケーション力を磨けば、かけたコスト以上に年収が上がっていきます。ＩＴ業界以外で、ベンチャーを除く大企業では、管理職で平均年収700万円くらいです。しかし、ＩＴ企業になるともう少し年収が上がります。**私はコミュニケーションを磨いたおかげで、5年で年収が約1000万円アップしました。**

何も勉強しないで管理職になれない未来と、勉強して管理職になる未来のどちらを選びますか？　入社5年目でも管理職になる若手も登場していますので、**年齢は関係**

なく努力するかしないかの違いだと思っています。

すでに管理職として働いている人でも、さらにコミュニケーション力を磨いていくことが大切です。**よい上司は相手に関心を持ち、愛情を持って部下に接します。**また、部下からは本音で話しにくいと理解しているので、自分からぶっちゃけトークをしたり、まめに話しかけて相手の状況をヒアリングできるのです。

このように、管理職には、相手の気持ちを考えたコミュニケーションが求められます。必要な相手にはその都度フォローを入れながら、プロジェクトを推進させることで、チームの実績が上がり、結果的には自分の評価も上がります。エンジニア・コミュニケーションは、現在のポジションにかかわらず、一生ずっと使える力だと言えるのです。

メリット7：フリーランスのエンジニアになれる

エンジニア・コミュニケーションは、フリーランスに転身するときにも役立ちます。なぜなら、どんな人とでも対等に話せるようになるからです。

ずっと会社員として働きたいと考えている方もいるでしょう。しかし、会社員でもエンドユーザーや取引先の方と話す機会はあるはずです。こういった外部の人とのやりとりを積極的にすることで、コミュニケーション力を磨いていくことができます。

会社員時代に、社外の人と仲よくなることで人脈を発掘し、優良案件を紹介されてフリーランスになる人もいます。ただ、フリーランスとして仕事をするには信頼関係が必須であるため、そのためにはコミュニケーション力が不可欠なのです。

つまり、フリーランスを目指しているなら、会社員のうちからコミュニケーションの練習をしておくべきです。上司とのやりとりで折衝力をつけたり、出向先の人と仲よくなったり、昇給交渉をしたりと、自発的に動けばさまざまなコミュニケーションスキルを身につけることができます。

実際、**フリーランスになると案件受託や単価交渉は、自分でやらなければなりません。**そのためコミュニケーションに長けている人のほうが絶対に有利です。

■客観的な意見をもらおう

会社員時代でも、ＩＴ業界なら会社員とフリーランスの方が同じ現場で一緒に働くことは多いでしょう。会社員のうちからフリーランスの方と仲よくなっておき、「どういうエージェントを使っているのか?」や「どうやってフリーランスになったのか?」を聞いておき、参考にすることも大切です。意外とネットで出てこない中堅のエージェントのほうが使いやすいなど、ホットな情報を教えてもらえることもあります。これもコミュニケーションを活かした人脈術です。

冒頭でもご紹介した通り、私はかつて芸人活動をしていました。芸人はみなさん自分で仕事を探すので、ほぼフリーランスと同じ感覚でした。芸人になるための修行では、スクール費用やライブ出演費用を自分で支払い、独立心やハングリー精神を学びました。これはエンジニアの場合も同じように大切だと感じています。ここで、私が芸人時代に学んだコミュニケーションの秘訣を特別にシェアします。

まず、漫才でウケてもらうには、**お客さま視点でのネタづくり**が欠かせません。本番で自分の好きなことだけを話してもスベるだけからです。

芸人スクールに通っていたとき、〝ネタ見せ〟の授業がありました。かつて一世を風靡した人気テレビ番組「ボキャブラ天国」に出ていた「ＢＯＯＭＥＲ」のボケ担当の伊勢浩二さんがそのときの先生でした。私たちは、伊勢さんに客観的な視点でネタを見てもらいアドバイスを受けて、何度も修正し、ネタを磨いていきました。

漫才に限らず、ビジネスの場合でも、コミュニケーションスキルを他者からの客観的な意見で改善することができます。人と話すのが苦手なエンジニアの方でも、面接のロールプレイングで何度も練習をすれば、しっかり話せるようになります。「ハキハキしゃべろう！」とか「笑顔がかたいよ！」など、客観的なフィードバックを受けて改善することで、面接が得意になっていきます。

私のITスクールにはコミュニケーションの授業があります。一般的な転職エージェントとは違い、実際にエンジニア経験のある私が講師をやっているので、面接対策も一味違います。

例えば、これまで使ってきたツールについて、面接でしっかり話せるように練習します。「Docker」というツールに関して、ほとんどの転職エージェントの模擬面接官は、ツールを触ったことがない限り、仕組みがわからないと思います。「Docker」はパソコンではなく、サーバーのなかに仮想空間をつくるツールなのですが、理解していないと効果的なアピールはできません。「初めてDockerを使ったので難しく感じましたが、使ってみたら短時間で環境を作成・削除ができて便利でした」というような、理解しているからこそのコメントを面接で言えるようにサポートしています。

また、「使っていたツールや言語を詳しく話せるようにしておくように」や「専門用語をしゃべりすぎても面接官の印象がよくない」といった実践的なアドバイスをしています。また、スクールでは元お笑い芸人の私ならではの「面接官が和む会話の仕方」

「会話の間の取り方」「最適な会話のラリーのテンポ」なども教えています。気になる方は受講してくれたらうれしいです。

■ 練習が9割

フリーランスになるには、まずは案件の面談に受からないと働けないので、面談練習やコミュニケーションの練習は必須です。**自分がしゃべったことを録音したり、原稿を書いて感情をこめて読めるようにしてみたり、入念な準備を**心がけましょう。私は芸人時代もネタの台本を必ずつくって準備していましたが、職業にかかわらず、「準備が9割」だと感じています。

フリーランスのエンジニアになれば、さらに年収が上がり、働く時間も自由にコントロールできるようになります。エンジニア以外の経営者ともたくさん会えるので、自分の世界が広がります。私自身もIT業界以外の人と日常的に会っていますが、本当に視野が広がり、人生が楽しくなりました。コミュニケーション術には、自分の人生を広げる無限の可能性があるのです。

3章

気づくとまわりの評価が高くなる！
エンジニア・コミュニケーション【実践編】

これであなたも年収アップ！今日から使えるエンジニア・コミュニケーション６選

スキルが高いエンジニアは世の中に数多くいます。しかし、コミュニケーション力の高いエンジニアは貴重な存在であり、まわりの評価が一気に高くなり信頼されます。パソコンスキルとコミュニケーション能力を兼ね備えたハイブリッドのエンジニアになれば、競合が一気に少なくなり、その結果、自然と年収も上がるのです。

ここでは、私が教えているエンジニア・コミュニケーションの一部をご紹介しましょう。

■①相手に好印象を与える「大げさな相槌」

対面やオンラインに限らず、「話を聞いていますよ」という態度は、話している相手を喜ばせます。相手の言ったことに「うなずく」だけでも、相手から好感を得ることができます。

特にオンラインでは、リアルよりも反応が伝わりにくいので、「うん、うん」と少し**大げさにうなずくくらいでちょうどいい**でしょう。

さらに、うなずいて話を聞くときは、傾聴が大事です。当たり前ですが、途中で話を遮られたり、否定されたりすると人間関係が悪くなってしまいます。相手が話した内容にかかわらず、まず傾聴して、承認することで人間関係はよくなります。

これは、すぐに結果が出るので、今日からやってみてください。相手がいつもより喜んで話してくれ、心がつながっていると実感すると思います。

■②相手から信頼されるチャット術

テレワークでも、出社していても、エンジニアがよく使うのがチャットです。文字だけでやりとりするので、**話し言葉よりも相手に正確に伝える必要があります。**

こちらが伝えているつもりでも、相手には伝わっていないとトラブルになります。あくまでも相手に「伝わる」ことが大切です。

そのためには、まず自分がわからないことを明確にする必要があります。少しでも理解できないことがあったら、遠慮せずに相手に質問して確認しましょう。

さらに、先輩や上司にチャット上で質問するときには、チャットの投稿に「件名」をつけることもオススメです。そして、文章は2~3行ごとに改行すると読みやすくなります。もし、**チャットで理解できなければ、電話やオンライン会議**などで会話する機会を設けることも大切です。これをするだけでも、相手との関係性がよくなり、あなたの信頼につながります。

■③相手からの評価が高くなる「ビジュアル活用術」

1章でお伝えした「メラビアンの法則」によると、人間は内容よりもパッと見の印象から93％の情報を受け取るということでした。

そこで、**オンライン会議だからこそ、表情、服装、背景などを意識する**だけで相手に与える印象は変わります。いつもより笑顔で、少し大げさにジェスチャーするだけでも効果があります。ライトを顔に当てるだけでも、相手に「明るい人」という印象が与えることができるでしょう。

残念ながら、多くのエンジニアは、あまりビジュアル面を気にしていません。極端な場合、寝ぐせ頭のままでオンライン会議に出てしまうのです。

このビジュアル面を意識するだけでも、他のエンジニアよりも評価が高くなります。その結果、コミュニケーションが円滑になり、年収アップにつながるのです。

■④効率アップと好印象を両立する「ビジネスコミュニケーション術」

職場で仲間をつくると、スムーズに仕事が進むようになります。**先輩や同僚に、ちょっとした質問でもするようにしましょう。**そうすることで、相手との距離が縮まり、相談相手ができます。

わからないことを相談できるだけで、仕事が一気に捗るようになります。会社特有のノウハウや情報は、インターネットで調べても出てきません。そのような場合は、迷っているだけ時間の無駄です。潔くまわりに質問してしまいましょう。

実は、質問されたほうも頼られてうれしいものです。自分の不明点も明らかになり、相手の印象もよくなるなら、一石二鳥です。

また、クライアントと会議するときは、**「会議の目的を考える」**ことが大事です。専門知識の話題で盛り上がり、時間だけが過ぎてしまう会議もありがちです。最悪のケースは、終わった後に「今日は何の会議だったのだろう?」と思うこともあります。

もし、会議中で話が脱線したら、勇気を出して「今日の会議の目的は何でしたか?」とまわりのメンバーに投げかけてみましょう。そうすることで、本題に戻ることができるので、生産的な会議になります。さらに、「アイツは仕事ができる」と上司からの評価が上がるかもしれません。

■⑤面接官の印象が一瞬でよくなる「魔法のフレーズ」

IT業界では、常に新しい技術が生まれています。そのため、いくら勉強しても勉強しすぎることはないと言えます。

当然、自分の知らない言葉やツールがどんどん使われるでしょう。そこで、プライドが邪魔をして、わかったふりをする人もいます。その不要なプライドが仇《あだ》となるときがあります。主に、採用面接のときは顕著です。

面接官から、「○○○について知っていますか?」と質問されて、自分の知らない専門用語が出てきて焦るときがあるでしょう。「こんなことも知らないのか」と面接官に思われたくない、印象が悪くなると考えて、知っているふりをする人がいます。

実は、ほとんどの場合、面接官にはあなたが取り繕っていることはバレてしまっています。見栄やプライドで、わかったふりをするのは逆効果です。

もし、自分がわからない言葉や質問が出てきた場合は、潔く**「今、勉強中です」**と答えましょう。この魔法のフレーズを一言使うだけで、一瞬で面接官の印象が劇的によくなります。なぜなら、**瞬時に「実務経験のない人」から「スキルアップの向上心があり、会社で役に立ってくれそうな人」に変わる**からです。

このように、面接官への見せ方によって選考結果が大きく変わります。自分が客観的にどう見られているのかを考えて、しっかり自己PRすることが大切です。面接官と短時間で深いコミュニケーションが取れたら、結果は自然とついてくるでしょう。

■⑥上司に認められる「給料アップ交渉術」

会社員の収入を上げるには、当然、上司や社長の承認が必要になります。「上司に対して、給料交渉なんてできるはずがない」と尻込みをしてしまう人は多くいると思います。

ですが、上司と交渉しなければ、ほとんどの場合、給料が上がることはありません。私も交渉できるとは思わず、ずっと言えなかったため、新入社員時代とそれほど変わらない給料で30代まで働くことになりました。


しかし、発想を変えて**「相手は常に正しいわけではない」**と心のなかでつぶやいてみてください。つまり、上司も「今のあなたの給料は適切だろうか？　少なすぎるかもしれない……」と考えているかもしれないのです。

上司に言いづらいとは思いますが、世間のエンジニアの年収の相場を調べた上で、勇気を出して「給料アップ交渉」を切り出してみてください。

残念なことに、多くの会社員エンジニアがこの交渉をできないために、相場よりも明らかに安く雇用されるケースが後を絶ちません。

交渉したら、会社側も「給料アップしないと、辞められてしまうかもしれない」と考える可能性も大きいのです。現に、私のケースでも意外とあっさり給料アップのOKが出ました。

このように、**相手に提案できるスキル**を身につけておくことは大切です。なぜなら、**最終的に自分の身を守ってくれる**からです。

会社員に限らず、フリーランスでも自分の価値を高めるためには、交渉術は必要なスキルです。会社員時代に実践経験を積むことで、早く交渉上手になってしまいましょう。

また、上司や目上の人と日常的にコミュニケーションするコツを伝えておきます。それは、**「恐れ入りますが」「お忙しいところすみません」**などの枕詞を使って話しかけることです。いきなり、ぶっきらぼうに本題に入ると、相手の心証が悪くなることもあります。

枕詞を使うことで、相手から「とても丁寧だ」という印象になるでしょう。

そして、多少はハッタリを言うことも大切です。エンジニアの方は、控えめで主張しない人が多いので、他の職業よりもハッタリが効果を発揮します。今までやったことのないことでも**「できます！」「やらせてください！」**と、どんどん積極的に名乗りをあげることが大切です。

ハッタリを言うことで、新しい仕事を任せてもらえるようになります。そうすることで、あなた自身のスキルアップや自己成長につながり、最終的には経済的にも豊かになっていくのです。

以上、私が厳選したエンジニア・コミュニケーション6つを実例とともに紹介してきました。ぜひ、できるところから行動してもらえたらうれしいです。すぐに効果を実感してもらえるはずですので、試してみてくださいね。

今すぐ実践！　エンジニア・コミュニケーション6つのスキル

① 相手に好印象を与える「大げさな相槌」

傾聴を意識して、うなずくだけで相手に安心感を与えます。特にオンラインの場合は、大きめのうなずきをしましょう。

② 相手から信頼されるチャット術

短い文章になるからこそ、相手に正確に伝わるように注意。改行を使って読みやすくしましょう。

③ 相手からの評価が高くなる「ビジュアル活用術」

自分の外見（表情、服装、髪型、オンラインなら背景）を意識して、仕事を任せたいと思われる人を目指しましょう。

④ 効率アップと好印象を両立する「ビジネスコミュニケーション術」

わからないことは小さなことでも直接質問したほうが、仕事も進み、まわりとのコミュニケーションもよくなります。

⑤ 面接官の印象が一瞬でよくなる「魔法のフレーズ」

わからないこと、知らないことは、知ったかぶりをせず、「今、勉強中です」と切り返しましょう。向上心があることを伝えられます。

⑥ 上司に認められる「給料アップ交渉術」

自分のスキルや仕事量を棚卸し、世間の相場を調べた上で、上司に提案すれば話を聞いてくれる確率が上がります。

相手が中学生でも理解できるように説明する

同じＩＴ業界のエンジニアでも専門分野が違うと、ＩＴ用語が伝わらないことはよくあります。さらに、同じ分野であっても職場や経験によって各エンジニアの使用してきた言語・ツールは異なるため、専門用語や業界特有の言葉を使う際は、相手が理解しやすいように**「中学生でもわかる説明」を加える**ことが重要です。

同じ職場にはエンジニアのほかにプロジェクトマネージャー（ＰＭ）、プロジェクトマネージャーオフィサー（ＰＭＯ）と呼ばれるマネジメントをするポジションの方や営業職の人もいます。専門用語ばかり使用すると、特にエンジニア以外の人には意味が伝わりません。初心者にも理解できるように言葉を選んだり、説明の仕方を工夫する必要があるのです。

例えば、ビジネスパートナーに「Qmonus」というツールを説明する場合を考えます。この際、単に名前を述べるだけでなく、「業務効率の自動化ツールでクモナスというものがあります」と一言添えて説明するだけでまわりからは喜ばれます。また、最近よく耳にする「AWS（Amazon Web Services）」という単語についても、ただ「AWS」と言うのではなく、サービス内容も簡潔に説明してあげると親切です。エンジニア以外だと、「Amazon＝ネットショッピング」というイメージしかなく、どういったサービスなのかを理解できないからです。初めて聞いた人には伝わらないため、中学生でも理解できるレベルで説明するとよいでしょう。

かつて、私が漫才を学んでいた頃も、この「中学生でも理解できる」という視点はとても大事にしていました。漫才のネタを考えるときに、言葉だけでなくジェスチャーを多く入れるように心がけたり、すべての人にわかりやすいように大袈裟なストーリーにしたり工夫していました。当時のネタを少しだけ披露します。二人のアイドルオタクが知り合って仲よくなる設定なのですが、よくよく話すと「AKB48」と「モーニング娘。」という別のアイドルの話をしていたと気づきます。クライマックスは手のひらを返したように、けちょんけちょんに言い合うというストーリーで、関係性のどんでん返しがわかりやすくてお客さんに受けたネタです。文章だけではなかなか面白さは伝わりませんが、**難しい言葉を使わずにわかりやすく話す**と、老若男女どんな人とでもコミュニケーションが取れる実例として紹介させていただきました。

■専門的なことを、エンジニアではない人にもわかりやすく伝える

エンジニアの方にはぜひ職場で実践してみてほしいのですが、このスキルは転職の際にも役立ちます。これは、知り合いのIT人材エージェントの営業マンから聞いた話です。人材エージェントの営業はエンジニアではないので、完全には用語の意味やツールのスペックがわからないそうです。もちろん大枠の知識はあると思いますが、細かい知識はエンジニアの職に就いて、実践を通して身につくものだからです。そのため、人材エージェントの営業と面談をする際やスキルシート（フリーランス用の技術経歴書のこと）を添削してもらう際には、**自分の持つスキルをわかりやすく説明**する必要があります。営業マンがしっかりとあなたの強みを理解してくれることで、最適な案件を紹介してもらうことにつながるのです。

そもそも、希望の企業に採用されるためには書類が通らないと面接できません。書類で落とされる原因のひとつには、人材エージェントの営業担当者との初回面談でアピールしきれていない点があげられます。

相手を配慮せずにざっくりした説明をしたり、自信がなくて経験を主張しなかったりすると、あなたの本当の実力が営業へ伝わりません。その結果、営業に添削してもらってもアピールの弱い書類になってしまい、書類選考で落ちる可能性が高くなります。うまくＰＲできる書類をつくるだけで、応募できる案件の単価が10万円～20万円も変わる場合があります。つまり、人にわかりやすく説明できるだけで、年収を１２０万円～２４０万円もアップすることができるのです。

このように、専門用語を使用する際は、常に相手の理解度を考慮し、必要に応じて補足説明をするとよいでしょう。普段仕事で「ＡＷＳ」を使っているエンジニアからすれば、ＩＴ関係者に出会ったときに「ＡＷＳを知らないの⁉」と驚くかもしれませんが、必ずしも相手がすべての用語を理解できるとは限りません。あなたも、ほかのエンジニアが使っている用語がわからなかった経験があると思います。メッセージを伝えるには、相手が中学生だと思って説明するくらいがちょうどよいのです。

ときには、「そんなことわかってるよ！」と言われるかも知れませんが、「○○さん、さすがお詳しいですね。たまにご存じない方がいらっしゃるので、念のため説明させていただきました」と切り返せば、相手の印象も悪くならないでしょう。

営業には「この現場に行きたい」とはっきり伝えよう

SES（エンジニアの技術力を提供する契約）で働く多くのエンジニアの悩みは、自分の働きたい現場に入れないことです。理想の現場に入るためには、出向先を決める営業担当者との会話にコツがあります。それは、**控えめにならず自分の希望する現場を明確に伝える**ことです。

あなたの希望をはっきり伝えることで、営業としてはその情報をもとに適切な案件を提案しやすくなります。逆に、何も言わなければ、「どの現場でもいいんだな」と受け取られ、そのときにある現場を提案されるでしょう。SESの営業としては、早くエンジニアが現場へ参画するように契約を決めて、会社の売上につなげたいからです。そのため、「何でもいいからとりあえず提案しよう」とポンポン紹介されることになります。

しかし、エンジニアから**「○○というスキルを身につけたいので、こういう現場に**

行かせてください」と具体的に希望を伝えると結果が変わります。まず、**営業は具体的な希望条件に基づいてアンテナを立てるので、案件を調査・提案しやすくなります。**条件が多い場合、すべての望みを満たすことはできないかもしれませんが、「できる限り望みをかなえてあげたい」という意識が営業担当者に生まれます。逆に、何も希望を伝えないと、営業からのランダムな提案を受けることになるので、参画後にアンマッチな職場だと気づくケースが増えます。

「成長したいので、このスキルを習得できる現場に行きたいです」と希望条件を前向きに伝えましょう。

よくないのは、「残業が少ない」「早く帰れる」「休みが取りやすい」「面倒くさい現場は嫌です」といった自分本意な条件を伝えることです。営業に「わがままな人」というレッテルを貼られ、「この人はやる気ないな」と評価されてしまいます。「休みが取りやすいかどうか」といった細かい部分は現場企業の文化によって異なるため、正直に言うと営業としてもエンジニアが現場に入るまでわかりません。そのため、職場の条件よりもスキル条件のほうが重視されることになります。

■希望の現場をかなえる「要約テンプレート」をつくろう

狙った現場に入りたい場合、営業へ口頭で伝える以外に裏技があります。私がSESの営業側だったとき、客先へエンジニア情報を伝えるツールとして、プロフィールの要約テンプレートがあることを知りました。そのテンプレートをうまく活用する技は有効です。

要約テンプレートには**「イニシャル」「年齢」「スキル概要」「使用したい言語」「希望現場の条件」などが箇条書き**で書かれており、営業担当者はテンプレート内容をエージェントに送り、エンジニアを紹介しています。エンジニアの情報共有を素早くするために、営業もエージェントも穴埋めされた同じフォーマットのテンプレートをコピーして送信しています。テンプレートに明確な条件が書いてあると、希望にマッチした企業から面接のオファーがきます。

この**「テンプレートをエンジニア自身でつくる」**というのが私のオススメの裏技です。

営業目線でつくられたテンプレートなので、エンジニアの人が見ても「おそらくこういう現場を紹介してもらえるだろうな」とイメージしやすいと思います。通常、エンジニアと営業の面談後に、営業がテンプレートを埋めて作成してくれます。それを、自分で情報を埋めて営業へ送るようにするのです。すると、**自分のイメージ通りの条件を書くことができ、希望の案件に就きやすくなり、営業側の手間も省けます。**このように、営業がクライアントに対してどういうふうに営業をかけているのか、どうやったらやりやすくなるかといった仕事の先を読む視点があると、描いた通りの結果を得ることができます。

もちろん、在籍する会社によっては「いくら希望を伝えても希望通りの現場を紹介されない」というパターンも発生します。しかし、そもそもSESという業態の会社を選んだのは自分自身です。SESでも、自社開発をしている会社や出向させない会社も世の中にあるため、働き方は自分で選べるはずです。こういった方は就職活動の面接でミスコミュニケーションが起きていた可能性があります。

また、希望が通らないことを会社の責任にして転職を繰り返すエンジニアもいますが、そういう方こそエンジニア・コミュニケーションを身につけて早くフリーランス

プロフィール要約テンプレート

名前	KS
年齢	39歳
最寄り駅	JR川崎駅 ※通勤時間は1時間以内希望
開始時期	即日
稼働	60～100％（週3～5日）希望
希望単価	60万（週3）～100万円（週5／月）（税抜） ※多少増減あっても問題ありません
スキル	● AWSもしくはAzureのインフラ設計構築、運用 ● 新入社員研修講師（Linux、コンピューター基礎など） ● 中小企業向けITコンサルタント （人材派遣会社、自動車業界に強い）
使用したい言語等	Terraform、Bash
その他	● 基本フルリモート希望ですが、必要に応じて出社いたします。 ● 並行状況は、提案中。面談は未確定です。

になったほうがいいと思います。フリーランスになれば好きな案件を選べるからです。

基本的には正社員でもフリーランスでも、「この現場に行きたい」とエンジニアから自分の希望を明確に伝えることが重要です。営業にとっても案件のマッチングが容易になり、よりよい職場環境や案件に巡り合える可能性が高くなります。それでも思うような現場に行けないのであれば、フリーランスに転身するのもひとつの手と考えましょう。いずれにしても、エンジニア・コミュニケーションを身につければ、すべてが解決するのです。

自分の市場価値を知り、ほしい年収を交渉する

前章でもお伝えした通り、上司との年収交渉の前には、自分の市場価値を把握しておくことが重要です。市場価値を知ることで、自分のスキルや経験に見合った給料を受け取っているか確認できるからです。もし、給料がスキルと見合っていなければ、業界平均を考慮した適切な報酬を上司に求めることができます。

では、どうやって市場価値を調べたらよいのでしょうか？　私は**フリーランスエンジニア向けのエージェントのホームページ**を確認しています。例えば、業界NO・1の「レバテックフリーランス」のようなサイトです。エージェントのサイトには転職や案件チェンジに役立つ情報が紹介されているため、これを活用して自分の年収相場を知り、自分のスキルと照らし合わせて年収交渉するとよいでしょう。

その際、**スキルシートに自分のキャリアや身につけてきたスキルをまとめる**と、情報を整理できます。しっかりとスキルシートを記入しておくと、いざ上司と交渉する際、自身のスキルや実績をうまく伝えることができます。

ちなみに、上司に伝えるタイミングは、**個別面談や査定面接の機会**が最適です。面談の機会がない場合は、自分が転職したいと思ったときや上司の機嫌がよさそうなタイミング、大型プロジェクトが終わってホッと気が抜けた瞬間などを狙って自分から場をセッティングするとよいでしょう。

交渉の仕方や機会のつくり方も重要です。例えば「スキルも上がってきた気がするので、そろそろ年収を上げてもらえないですかね？　転職も考えています」という言い方をすると、上司からすると直接的で攻撃的に感じます。それよりも、「○○さん、今お時間よろしいですか？」からはじまり、**「今この現場に働いていて、設計・構築のスキルがある程度身についてきており、少し給料のほうも検討していただけませんか？」**と話すと、丁寧さがあり、具体的にどんなスキルが身についたかも伝えられていてよいです。また、交渉では下手に出すぎるのもよくありません。市場価値を根拠に単価が上がっている前提で、**〝やんわり強気〟に交渉する**のがコツです。

伝え方によって「給料上げてくれ⁉　いやいや何を言ってるんだ、君は！」となるのか、「転職するんだったら、社長にも年収上げてもらえるか交渉するので、少し待ってもらえないか？」と引き止められるのか、上司の反応も変わるかもしれません。

また、**交渉する相手**も重要です。営業感覚や単価の相場がわかってない上司の場合は、市場価値を伝えても理解できないことがあります。その場合は上司に交渉するのではなく、営業に一度伝え、営業から上司に伝えてもらう方法もありでしょう。

■交渉の結果を選ぶかどうかは自分次第

交渉後に、おそらく上司から「今まで年収400万円でしたが、年収500万円でどうですか？」などと返答がきます。もし、自分が求めている給料で提案されたのなら、「ありがとうございます。その金額でお願いいたします」と同意できます。一方、転職先候補と比較した上で「低いな」と思ったら、「持ち帰って検討します」と言って、交渉をさらに踏むか、転職先候補に決めてしまう流れがよいと思います。

しかし、「お金じゃなくて社長が好き」「今の上司を尊敬していてついていきたい」と思っているのなら、希望年収に満たなくてもすぐに転職しなくていいと思います。しかし、残念ながらそのようなケースは少ないのが現状です。そこまで会社に恩義を感じておらず、適正な給料も払われていないと思うなら、交渉して白黒はっきりさせたほうがよいと思います。

交渉では「ここは引けない」というポイントを持つことが大切です。「最低でも500万円以上じゃなきゃダメ」といった、ここは絶対キープしたいという年収ラインを決めた上で交渉しないと、話の終着点が見えずにずるずる交渉が長引いたり、口がうまい上司に流されてしまったりします。

何はともあれ、年収交渉の際にはまず自分の市場価値やスキルに対する相場などを調べて交渉材料にすると有効です。そして、納得できる返答が来なければ、遠慮せずに転職を検討するのもありだと思います。

社内で自分のキャリアプランをまわりに共有しておく

みなさんはご自身のキャリアプランを明確に描けていますか？　意外と自分のキャリアパスを意識せずに働き続けている方が多いと感じます。キャリアプランを描けていると、目標とやるべきことが明確になるため、業務にもやりがいが生まれます。また、社内においてキャリアプランに必要なアクションをはじめることができます。

ITエンジニアには、**「運用↓保守↓構築↓設計」と年収アップまでの王道ステップ**があります。もし、あなたがキャリアアップを目指しているのなら、ステップアップしていきたい旨を、事前に周囲に伝えておくことが大事です。なぜなら、キャリア志向であることを踏まえて営業してもらわないと、ずっと運用・保守などのエンジニアなら誰でもできてしまうオペレーター業務のまま働き続けることになるからです。SESの営業の立場からすると、何度も営業したくないので、ずっと同じ現場にいてくれたほうが楽だと思っている部分もあり、**特に本人からの要望がなければ同じ職場で働き続けることになります。**

自分のキャリアの方向性を明確にすることで、適切な案件や仕事を割り当てられる確率が上がり、キャリアアップにつながります。また、周囲がその人の目指す方向を理解することで、サポートや機会提供をしてもらえることがあります。

逆に、キャリアプランを考え、相手に希望を伝えておかないと、いつまで経っても上司や営業の指示通りに働くことになり、誰でもできる仕事から卒業できません。

■キャリアプランの上手な伝え方

では、どのように、周囲にキャリアプランを伝えたらよいのでしょうか？　例えば、**自分のなかで「半年から1年間で今の仕事を辞める」と期限を決めます。**そして、営業から運用の案件を振られてその現場に入るとき、まず「ありがとうございます」とお礼を言った上で、「ここで運用の仕事をやりながら構築の勉強もしていきます。1年後くらいには構築の案件に入りたいです」と伝えます。

すると営業担当者は「わかりました。まず運用で安定して仕事ができるようになって、しっかりとスキルが身についていれば、構築の案件を紹介しますね」と答えてくれたりします。

早い人は、新入社員の頃からこういったキャリアプランをまわりに言っている人もいます。すると、**「彼は向上心が高くていいね」**という評価になりますし、「保守を目指しているなら、そろそろ運用からステップアップしたほうがいいよ」といった感じで応援してもらえます。営業サイドの心証もよく、キャリアアップしていきたいという前向きさが伝わるのです。多くの場合、「面倒くさいやつ」と思われることはありません。むしろ、前もってキャリアを言ってくれるほうが、営業としては案件を紹介しやすいのです。

営業との面談の機会がない場合は、チームミーティングやグループミーティングで「それぞれ最近の進捗や現場での出来事を話してください」と言われたときにキャリアプランを話すといいでしょう。**「今の現場では保守の仕事をやっていて、ただ一部構築に関わることもあるので、最終的には構築の仕事に就きたいと思っています」**などと伝えます。

注意点としては、「フリーランスになりたい」という希望はあまり社内で言わないほうがいいことです。フリーランス向けの仕事を扱っている会社でない限りは、「退職されてしまう」と周囲が思うため、基本的にあまり心証がよくありません。ちなみに、私が経営する会社では、求人広告に「フリーランスへ転職ＯＫ」と書いています。むしろ、「最終的にフリーランスになりたいから斎藤さんの会社に入ります」という方がいたらうれしいと思っています。

希望のキャリアに就くための交渉では、例えば、**「『LPIC』という資格を取るので、構築の案件にも行きたいです」**というように、本気で目指していることや努力の根拠を伝えることも大事です。ちなみに、「LPIC」は「Linux」のコマンド知識などを求める資格で、ＩＴ業界ではそれなりのニーズがあります。「LPIC 持っています」と言うと、構築までできる人だと認識されるため、希望のキャリアをかなえやすくなります。

■まずは自分のキャリアプランをつくる

このように、周囲にキャリアプランを伝えたほうが、まわりの理解を得やすくなります。ある程度大きい会社だと、上司の指示で**目標シートをつくり、3年後のキャリアプランを作成する**ことがありますが、中小企業で働いている方だと特に指示もなければつくらないと思います。社員に目標シートをつくらせずになりゆきで給料査定している会社もあります。そのため、査定の時期でなくても、自分でキャリアシートをつくったり、周囲にキャリアプランを伝えたりと、**自発的にキャリアを築くための機会をつくる**ことが大事です。

人材エージェントの知り合いからは「エンジニアはまわりの人とコミュニケーションを取らないので、キャリアプランを練れていない人が多い印象です」という話を聞きます。エンジニアから、「どこまでいったらフリーランスになれるんですかね」「他の会社の人ってどうしてるんですか?」といった質問や相談を多く受けるのだそうです。

さらに、「早いうちにキャリアプランを伝えたほうがいいとわかっているけど、そもそも自分のプランが練れていません」という人もいます。そういう場合は、「まず率先して社外のつながりをつくりましょう」「他のエンジニアとも交流しコミュニケーションを取って、その上でキャリアプランをつくってからまわりに共有しましょう」とアドバイスしているのだそうです。

誰でもできる仕事をやり続けている人ほど、キャリアプランを考えられてないことが多いです。その理由は、ＩＴスキル以外の知識不足にあります。コミュニケーション力を磨いて、視野を広げてキャリアプランをつくっていくことが大事です。

キャリアプランを設定してまわりと共有することは、自己成長や進みたい方向性を周囲に理解してもらうための重要なステップです。もちろん必要なスキルを身につけることは努力次第の部分もありますが、前向きにＩＴスキルを上げていたり、キャリア志向を共有できる人であれば、まわりのサポートを受けつつ、自分の望むキャリアパスを歩むことができるでしょう。

プロジェクトマネージャーになるために必要なスキルとは

「運用→保守→構築→設計」というキャリアプランのなかで、「設計」を上流工程、「運用・保守・構築」を下流工程と呼びます。上流工程には、設計以外に「要件定義」という工程もあります。このうち、上流工程を行なうポジションとして、**「プロジェクトマネージャー（PM）」**という職種があります。

プロジェクトマネージャーは、エンジニアをマネジメントし、プロジェクト全体を統括する人です。プロジェクトマネージャーになるためには、IT知識だけでなくコミュニケーション能力、特に傾聴力やヒアリング力が必要であり、これらの能力に比例して年収も高くなります。

プロジェクトマネージャーにコミュニケーション能力が必要な理由は、**チーム内の問題やボトルネックになっているものを、小さいうちに早期に発見し、対処する**必要があるからです。また、**プロジェクトの進捗や課題を理解し、適切に管理する**ために も、**チーム間やクライアントとのコミュニケーションを円滑にする**役割を担っていま す。問題を放置した場合、プロジェクトが破綻したり、納期に間に合わなくてリスケ したりといった事象が発生します。

プロジェクトマネージャーがコミュニケーション能力を発揮する具体的な場面とし ては、例えば**お客さまとの交渉ネタのために、エンジニアにヒアリングして書類を書 いてもらい、交渉材料を集める**ことがあります。「こういった交渉をしたい」という目 的からエンジニアたちに意図を伝えて必要な情報を集める際にコミュニケーションは 必須です。

また、プロジェクトマネージャーはプロジェクトの進行に関わる問題が発生しない よう目を光らせているため、**チームメンバーが問題点や課題をすぐに話してくれるよ うな環境づくり**も心がけています。「言ったら怒られるから黙っておこう」「上司が全 然話を聞かない人なので別に言わなかったんですけど」と、人間関係の距離感から問題発掘ができていないパターンは多く、優れたプロジェクトマネージャーほど、チームメンバーとの関係構築や発言のしやすさに気遣いを持ってコミュニケーションをしています。

ときには、**チームメンバー同士の仲介**に入ることもあります。タスクを進める上でよくありがちなのが**「どっちがボールを持っているのか？」**を議論するケースです。プロジェクト内のエンジニアたちがAチームとBチームに分れていることがあります。BチームはAチームに手順書の作成を依頼したい一方で、AチームはBチームにやらせたいので「できないです」と言ってしまう。どちらもボールを持ちたくない状態が続き、結局どんどん日数だけが過ぎていく、といったケースです。

この場合は、**チームの役割分担をはっきりさせ、説得して動いてもらう必要**があります。双方が感情に任せて言い合うと、関係が悪くなって物事が進まなくなってしまうこともあります。プロジェクトマネージャーは、そういったメンバー同士のコミュニケーションの**潤滑油的**役割も担っています。

チームメンバー間を取り持つプロジェクトマネージャーですが、**クライアントと社**

内エンジニアとの間も取り持っています。システム知識がなく「こういうのをつくってよ」と自由に言ってくるクライアントに対して、「システムの仕様や工数を考えたらそれは無理です」と言い張るエンジニアの構図はよくあります。プロジェクトマネージャーは、双方のすれ違う要望を伝える役目なので板挟みになり、非常にストレスが溜まる役職でもあります。

■コミュニケーション上手になってストレスを溜めない

プロジェクトマネージャーは自分との付き合い方をうまくしないと、潰れていってしまうこともあります。「せっかくプロジェクトマネージャーになったけど、与えられた仕事だけやっていればいいエンジニアに戻りたい」という人もいます。こういったことが起きないようにするには、コミュニケーション上手になることです。

例えば、私の知り合いで、社内のエンジニアと一緒に飲み会を開いてコミュニケーションを取るようにし、自分もストレス解消しつつ場の空気がうまくまわるようにした人もいます。また、外部の人と飲みに行くことで、自分が思っていることをしゃべってストレスを溜めないようにしている人もいます。また、趣味に没頭してストレスを溜めないようにし、社内ではすっきりした気持ちでコミュニケーションを取れるように自分自身をセットアップする人もいます。

■プロジェクトマネジメントオフィサーでステップアップする

プロジェクトマネージャーの下には、**「プロジェクトマネジメントオフィサー（PMO）」**という職種があります。プロジェクトマネジメントオフィサーの業務範囲は会社や案件によって違うものの、エンジニアなら誰もが目指せる道だと思います。プロジェクトマネジメントオフィサーに必要なスキルはプロジェクトマネージャーとほぼ変わらないと考えて大丈夫です。プロジェクトマネジメントオフィサーは副班長的な人ですが、ひとりで全部決めて自分で進められる力がある人（一人称で進められる人）です。

基本的には、エンジニアのスキルやエンジニアに対する理解力が重要で、クライアントと交渉してきた実績や経験年数などが考慮されて選ばれます。「プロジェクトマネジメントオフィサーをやってるんだからプロジェクトマネージャーもできるよね」とタイミングよくプロジェクトマネージャーに昇進できる場合もあります。逆に、長年同じプロジェクトマネージャーがいる現場だと、なかなかキャリアアップのチャンスがまわってこないので、その場合は戦略的に別の現場に移ることも大切です。いずれにしても、昇進・転職の際は円滑なコミュニケーション力が必要だと言えるでしょう。

プロジェクトマネージャーやプロジェクトマネジメントオフィサーになるためには、チームやクライアント、社外の人と効果的なコミュニケーションが取れる能力が必要になります。特に、そのなかでも傾聴力とヒアリング力が重要です。チームメンバーやクライアントのニーズや問題を理解し、効果的に対応することが、プロジェクトマネージャーの成功には欠かせません。

転職・フリーランスで年収アップする面接術

正社員に転職をする場合やフリーランスに転身する場合、年収アップするためのとっておきの面接術があります。それは、**相場を意識し、前職の給料よりも高めに設定すること**です。これを行なうだけで、自分のスキルや経験に見合った適切な報酬を得られる可能性が高くなります。また、転職とフリーランスでは単価交渉のアプローチが異なるため、それぞれの状況に合わせた交渉術が求められます。

■正社員に転職する

正社員に転職する場合では、レバテックフリーランスなどのサイトで年収の相場を調べ、それに基づいて交渉を行ないます。このとき、前職の給料を気にせずに相場ベースで交渉することが大切です。特に300万円～400万円ぐらいの低い年収で雇用されている人は、自分のスキルに合った給料に上げたほうがいいでしょう。前職の業務内容のスキルと相場がどれくらいかを確認して、少し高めに提案する分には問題ありません。

例えば、前職の給料が300万円で、自分のスキルの相場が年収500万円なら、年収500万円で提案してよいと思います。最近はエンジニアの人手不足で教育の手間がかかるのを避けたい一方で、経験者採用が減少しているため、IT業界の経験が1年でも意外と年収100万円アップくらいなら狙えます。

IT業界は売り手市場なので、経験年数が3年あれば、ほぼ安泰で、どこでも食いっぱぐれることはありません。このように、単価を上げられることや世の中のニーズを知っておくと、有利に転職活動を進めることができます。

■フリーランスに転身する

さらに、フリーランスの方の場合、複数のエージェントから相見積もりを取り、最適な案件や単価を選択するのがよいでしょう。その際、**スキルシートのほかに、自分のスキルや要望を記載したサマリーシートを送る**と希望が通りやすくなるのでオススメです。また、交渉上手な人で、「月収50万円～月収60万円」などと希望単価の範囲を広く設定し、条件が最もよい案件を選んでいる人もいます。

さらに、フリーランスになるには、エージェントに希望単価を提示した後、お客さまとの面接があります。当然ですが、採用してくれるお客さまとの面接に受からないと現場で働くことができません。A社で面接に受かったのに、B社から「単価をもう少し上げますので、うちで働いてもらえませんか？」と言われるときがあります。こうなるとチャンスで、その単価が交渉時に使えます。

「他のエージェントさんから〇〇万円と提示されたのですが、御社（A社）でも単価を調整いただける可能性はありますか？」といったように、相見積もりのように交渉することができます。倫理的には先に採用してくれた会社を優先したい気持ちもありますが、後から紹介された案件のほうがずっと条件がよいときもあります。会社によっては、多少金額が上がったとしてもスキルと仕事のフィット感が高ければ、「何としても働いてもらいたい」と思ってもらえる場合もあるので、先方の反応を見ながら単価交渉をしていくと希望の現場を選ぶことができるでしょう。

また、複数社でフリーランスの面接に合格している場合、「いくらだったら即決ですか？」と聞かれるときがあります。そのため、急に焦らないようにあらかじめ**即決の金額を決めておく**ことが大事です。「前職の月収が45万円だったので、50万円から60万円で希望を出しており、即決金額は55万円です」と目安を具体的に伝えると、「55万円にするので承諾をお願いします」と先方から連絡がきて、すぐに参画が決まるパターンもあります。こういったわかりやすい指標をあらかじめエージェント側に共有しておくとよいでしょう。

このように、自分のスキルや経験に相応しい報酬を得るためには、自分の市場価値を正確に把握し、相場に基づいて希望単価を設定して交渉することが重要です。例示したアプローチ方法により、年収アップの可能性が高まりますので、ぜひ実際に活用してみてください。

態度が9割！　面接では自信を持った表情で話そう

年収がアップする面接術として、相場を把握して交渉材料に使う方法をお伝えしてきましたが、もうひとつ大事なポイントがあります。それは**「自信がある態度」**です。**自信を持った表情は、説得力や信頼を高めるコミュニケーションの要素**であり、年収アップにつながりやすくなります。もちろん、勉強してスキルアップすることや、キャリアを形成しているかどうかも大事ですが、**スキルシートを見ればキャリアやスキルは伝わります。**当然、面接官はスキルシートを見て精査した上で面接しています。つまり、面接ではどんな説明をするかではなく、実は自信があるかないかを見られているのです。

残念ながら、態度や振る舞いが悪くて面接に落ちる人は後を絶ちません。オンライン面接だと事前に知らされているはずなのに、当日「暗い場所にいる」「ジャージで面接を受けている」「シャツがしわくちゃ」「髪の毛がボサボサ」といった準備不足のケースもあります。「返事がボソボソして聞こえない」「もう一度入室し直してみましょう」と言われ、1時間の面接のうちの30分を使ってしまうケースなどが実際にあります。

自分を理解してもらう前に、単純にコミュニケーションが取れず、姿勢や態度が悪いことで落とされてしまうのは非常にもったいないです。他の業界では「そんな人いるの?」と驚くような行動をする人が、コミュニケーションの苦手な人が多いＩＴ業界ではよくいます。そのため、飛び抜けたスキルを持っていなくても、最低限の身だしなみを整え、普通の態度をしているだけで合格しやすくなります。

オンライン面接では特に表情が伝わりづらいので、**対面の2倍のテンションで明るく答えることや、リアクションやうなずきを大げさにする**ことを心がけましょう。そして、自信を持ってハキハキしゃべることで、説得力が増してきます。

自信を持った態度による成功例で、実際にこんなケースがありました。60代の男性で年収600万円を希望されているYさんという方がいました。最初、スキル的に合格は厳しいと思っていましたが、スキルシートからプログラミング言語やスキルなど単価が上がりそうなキーワードを抽出することに注力しました。Yさんの場合は「Fortran」という狭い分野でニーズがあるプログラミング言語の使用経験がありました。そのスキルを改めて勉強し直しつつ、トークをつくり込んで面接に臨みました。

面接時では私のアドバイスから、面接官に「昔Fortranを使っていて、今もう1回学び直せばまた思い出して使えます」と伝え、「昔やっていた」とハードルを下げつつも、「できます」と自信を持った〝したり顔〟でしゃべることを意識してもらいました。そして無事、年収600万円の目標を達成し、今も元気にYさんは働いていています。

また、30代前半男性エンジニアのEさんという方は、自信がなさそうな風貌で、派遣社員として働いており、「もう少し給料を上げたい」と私に相談がありました。Eさんは幸い、「CCNA」というかなり勉強しないと取得できない難しい資格を所持していました。ＩＴの現場経験があったものの少し期間が空いてしまい、一般派遣で働いていたため、自分の経歴に自信が持てず相談してくれたようでした。「昔、資格を取ったんですけど、年収上がらないですよね」と収入が上がらない前提で質問をされたので「そこは勉強して資格を取ったことを、自信をもった表情で淡々と言いましょう」とアドバイスし、無事１００万円の年収アップに成功しました。

このように、面接では自信を持って言い切ることが何よりも大事です。ただ、最低限、一般的な身だしなみや態度ができているかをしっかり確認しておくことを忘れずにいてください。ここで出鼻をくじかれる人が本当に多いのです。相手からどう見えるかという視点もコミュニケーション術の一種です。身だしなみを整えたり、自信を持った口調にすることは難しいスキルではありません。慣れない方もいるかもしれませんが、これだけで面接への合格率が格段に上がりますので、ぜひチャレンジしてみてくださいね。

4章

上司から評価される
エンジニア・コミュニケーション

話をしっかり聞けば、上司のむちゃぶりは減る

「あと少しで退勤時間なのに急に上司からむちゃぶりされた……」という経験のある方もいるでしょう。ＩＴ業界は遅くまで働く人が多く、退勤前に仕事を頼まれることは珍しくありません。しかし、当たり前ですが、振られた側はよい気持ちはしないものです。そんなときでも、エンジニア・コミュニケーションを活用すればうまくかわすことができます。

ＩＴエンジニアは口下手な人が多いので、たいていの場合は嫌だと言い返せずに引き受けてしまうか、「もう定時なので、今からは無理です」とぶっきらぼうに断ってしまうかもしれません。そんなとき、ちょっとしたコミュニケーションのコツを知っていれば、上司に悪い印象を与えずにやんわりむちゃぶりをかわすことができます。

それは、相手の話をしっかり聞いて**「理解していますよ」という姿勢を見せる**こと

です。「話を聞いてもらえた」と感じると相手は喜ぶからです。

こだわりが強いエンジニアは多いですが、私の知り合いのWさんはその代表格とも言える方でした。Wさんは自分の知っている知識を長々と熱く上司に披露するタイプ。上司としては知識自慢されたいはずはなく、必要な情報を端的に伝えてほしいと感じていたと思います。多くのエンジニアは、「コミュニケーションを取らなきゃ」と思うと、聞くよりも話すほうにフォーカスしてしまいがちです。

私の経験では、上司が話したがる逆パターンもありました。あと1時間でパソコンを返却してプロジェクトが終わるというタイミングで、延々と上司の話がはじまり、最後には「引き継ぎ資料をつくってくれ」と言われることがありました。そのときの私は上司の話をうなずいて聞き、「これだったらできますよ」というように返答し、最低限の資料を作成して無事帰宅することができました。

このように、「急に資料つくってくれ」「（やったことないことを）ひとりでやってくれ」というむちゃぶりは〝ITエンジニアあるある〟のなかでも上位にあがってくる内容です。

後者の「ひとりでやってくれ」というむちゃぶりは、例えば、一度も使ったことがない業務効率化システム（「Qmonus」など）を使ってひとりで作業を進めてほしいと指示されます。このような場合、社内にシステムに詳しい人が誰もいないと、ひとりで進めるのに困ってしまうのです。

■上司のストレスとむちゃぶりは比例する

こういったむちゃぶりは、**上司のストレスが溜まっているときに起こる確率が高くなります。**話を聞くことに徹すると、上司のストレスも減るため、人当たりが優しくなり、むちゃぶりも軽減する傾向があります。むちゃぶりされてカッとなって言い返すと、かえって仕事が増えたり、打ち合わせが長引くので気をつけましょう。

また、年収の高い案件だと、むちゃぶりが多く忙しい炎上案件である可能性もあるので、もしそういう現場で働く場合は、本書のエンジニア・コミュニケーションを駆使しながら人間関係を円滑にすることを心がけてみてくださいね。

完成するまでに途中報告をまめに入れる

ＩＴ業界だけに限ったことではありませんが、仕事ができる人は仕事の全体像を把握しています。その上でコミュニケーションを取るので業務が円滑に進み、できる人ほど、仕事が完成するまでに途中報告をまめに入れています。上司にまめに途中経過を報告している人ほど重宝されるものです。

なぜなら、**まめなコミュニケーションを取ると、上司が安心する**からです。

ＩＴ企業の案件ではシステムの納期が厳密に決まっており、一連のプロジェクトにどのくらいの工数（時間と労力）がかかるかを計算して報酬が支払われています。それを管理しているのがプロジェクトリーダーやプロジェクトマネージャーといった上司にあたる人です。上司は工程の全体から見て順調にプロジェクトが進んでいるかを進捗管理しています。

実際に、上司に途中報告をせずに問題になったケースを私も経験しました。システム開発が終わり、本番リリース時に、障害が発生して問題になったケースです。問題が起きた理由は、テストをする時間がなくそのままリリースしてしまったからです。システム開発は正直キリがないので、ある程度自分で区切りをつけないといつまでも終わりません。通常なら、終了時には何度もテストして不具合を確認する必要があります。しかし、**工数が足りないという理由で確認を怠り、後に大問題になってしまったのです。**

このように、納期管理ができないと大きな問題につながることがあります。自分ひとりで抱え込まずに、問題点やつまずきポイントをマメに報告すると、上司はプロジェクトの進行状況を把握できるので、安心して喜んでくれるでしょう。

■短文でわかりやすい途中報告が喜ばれる

上手な途中報告のポイントは、**「わかりやすさ」**です。パッと見で理解できるように報告することを意識してください。長文でダラダラ書くのではなく、**結論から簡潔に**

書き、全体に対して進捗度何%かも数字で表現します。**現状でつまずいていることと、自分がどうやって解決するつもりなのかを短文で**書いて添えておきます。

こういったまめな途中報告をすると、あなたの評価も上がりますし、「そこまで時間は必要ないかもね」などと経験値豊富な上司からアドバイスをもらって軌道修正することもできます。

最近は「Asana」や「Trello」、「Backlog」のような**タスク管理ツールを導入**しているＩＴ企業が多くなっています。管理ツールを使う際も、期限を決めただけで放置するのではなく、自分のなかでタスクを細かく切って実行することが大切です。ぜひ上司への途中報告をする際に活用してみてくださいね。

自分の〝変なこだわり〟を捨てると、打ち合わせが短くなる

「簡潔に話すこと」は、上司に評価されるコミュニケーションのひとつです。エンジニアはこだわりの強い人が多いので、平気で3～4時間も会議が長引いたり、お昼の時間をすぎて打ち合わせしたり、同じ内容をずっとループしてしまったり、といった時間の膨張が起きることがあります。逆に、自分の〝変なこだわり〟を捨てると、会議の時間が短くなって上司に喜ばれるでしょう。

なぜなら、多くの上司は1日にいくつも会議を予定しているので、会議が長引くと次の予定に響くからです。ところが、会議中に細かく質問して、会議全体を長引かせるエンジニアは実際多いです。会議の進行を考えると、「それは個別に聞いてほしい」という内容も、自分のこだわりで話し続けてしまうエンジニアが後を絶ちません。

不要なこだわりに気づけると、会議時間が短縮できるので、上司からは「こいつで

きるな」と一目置かれる存在になります。

ＩＴ業界には「運用手順書」というものがあります。運用手順書をつくるための打ち合わせで、受託側がつくるのか、委託側がつくるのかを話しはじめたら、会議が終わらなくなったことがありました。

また、こういった時間の膨張は打ち合わせだけでなく普段の業務でも一緒です。ある現場にいたとき、仕事を依頼するのに「Jira」というタスク管理ツールを使い、現場のルールに沿って依頼していました。ところが、ひとりのメンバーが「Jira」のタスク管理システムを使わず、「○○をやってくれ」と文章で記載するだけで依頼を終わらせていたのです。急いでいたのかもしれませんが、依頼内容を見落としやすくなるだけでなく、**現場のルールにも従わない行動を取ると、ほかのメンバーへの影響が出てきます。**このような**身勝手なスタンドプレー**も、プロジェクト全体の作業時間を増やす要因です。

また、そもそも**自分しか理解できないコメントをしてしまう人**もいます。上司が

「何を言っているのかよくわからないので、詳しく説明してほしい」と伝えても「すみません」とだけ答えるので、「すみませんじゃなくて、だから……！」というように話し合いが長引くのです。これでは、**いつまで経っても会話が進みません。**コミュニケーションの取れる人でも、「こうやったほうが業務効率的には正解でしょう」と、効率だけを求めているケースも多いです。「どうすれば相手に伝わりやすくなるか」という〝売れっ子営業マン〟のように考える人がエンジニアには少ないと感じます。

■無駄な時間を減らそう！

これはＩＴ業界に限った話ではなく、私の芸人時代でも起きていた話です。ある有名事務所に所属していた同期の特待生Ｉくんは、優秀がゆえに「俺のネタ通りやらないとダメ」というこだわりがあり、よくコンビを解散していました。せっかく「Ａライブ」と呼ばれる上位のライブに参加していたのに、コンビが解散するたびにまた最下位ランクのライブからのチャレンジになってしまうのです。私は「あまりにももったいないな」と思っていました。

変なこだわりがなくなると、ネタづくり担当にネタを合わせて打ち合わせも早く終わるので、仕事の息も合っていき、時間も短縮されます。変なこだわりがあると、芸人人生も短命になるのだと学びました。

このように、自分の変なこだわりを捨てるだけで、仕事でもプライベートでも気遣いあるコミュニケーションが取れ、人間関係がよくなり無駄な時間を省くことができます。相手の表情をしっかり観察した上で、相手が困る「変なこだわりのある会話」を減らしてみてはいかがでしょうか？

話の文脈を読み取って、必要な情報だけを伝える意識をする

変なこだわりをなくすことで会議の時間を短縮できるとお伝えしましたが、会議以外でもさらに無駄な時間を減らせるコミュニケーション術があります。それは、話の文脈を読み取り、必要な情報だけを伝えることです。「そんなことは当然やっている」と思う人もいるかもしれませんが、まわりからすると「長文でわかりにくい」と思われている場合も多いのです。

エンジニアの仕事ではチャットでのやりとりが多いので、細かい情報を書きすぎると文章が長くなります。すると、読み手も書き手もチャットに割く時間が増え、本来必要な作業の時間が後まわしになり、残業時間が増えるデメリットが生じます。

電話やオンラインで話せばすぐ済む話も、ＩＴ業界ではチャットでやりとりすることが多いです。長文のチャットは相手の時間を奪うことにもなるため、最低限必要な

情報を書くように心がけましょう。

長文回答をしないコツは、**「YES」か「NO」**で簡単に情報を伝えることです。典型的な理系出身者に多いのですが、複数の質問をまとめて投げかけてくる人もいます。「質問をする理由はこうで……」とずらずら書くと、相手は「結局、あなたの意見はYESかNOのどっちなの？」と混乱します。

また、よくチャット内容を見ると、質問に回答していない人もいます。例えばシステム遅延に対して、上司からYESかNOで回答できる明確な質問がされていても、つらつらと言い訳めいた説明をしてしまう人がいます。しかも、**「今それを言う必要ある？」とツッコミを入れたくなる内容**だったりします。

文字でやりとりするときは、次のようにインラインで明確に回答するとよいでしょう。

相手：今日からタスク4番を開始すべきでしょうか？

あなた：はい、そうです。

こうすることで、相手のどの質問に対する回答なのかがわかりやすくなるのでオススメです。もちろんチャットだけでなく、口頭の打ち合わせのときにも、「ＹＥＳかＮＯ」をはっきり短く答えるとわかりやすいです。

ただし、**注意点は相手への気遣いがあるかどうか**という点です。例えば、テクニカルサポートの人に淡白な返事をするとクレームが発生する場合があります。本当だったら丁寧に文章を書かなければいけないのに、「わからないので教えてください」と一言だけメッセージを送った場合です。相手も一言では対処できないので、「何がわからないのかを丁寧に書いてください」と返答します。

簡潔に書くという気遣いは必要ですが、気を遣わずに簡素に書くだけだと、意味が通じなくなることがあります。

このように、その時々で会話の文脈を読み取って、本当に必要な情報だけを伝える意識が大切です。慣れるまでには時間がかかるかもしれませんが、このコミュニケーション術は一生使えます。ぜひ、少しずつでもチャレンジしてみてください。

正論をそのまま言わず、オブラートに包むのが正解

学生時代の部活やバイトだけでなく、社会人になってからでも、やはり気を遣える人はモテます。もちろん、相手を配慮したコミュニケーションは大切ですが、ときにはオブラートに包んで伝えることも必要です。社会人マナーに近い話になりますが、**オブラートに包んで話せる人は、相手への優しさや配慮が感じられ、まわりの人たちともよい関係を結ぶことができます。**

「わかりません」と伝えたいときも、「大変恐縮ですが、わかりかねます。恐れ入りますが、ご理解いただけますと幸いです」と丁寧に伝えると相手からの印象がよくなります。正直に素早く伝えることも大切ですが、**誠意を見せつつ相手がどう感じるかを配慮して、丁寧に伝える**ことも意識してください。

例えば、悪い例として過去にこんな炎上事件がありました。あるエンジニアからシ

ステムの状態について、「Apache の設定ログは保存するようにしてください！」と連絡がきました。深掘りして質問すると、「システムのログ設定はこういうふうにしないとだめですよ！」と端的に正論がチャットで返信されただけでした。そうしないといけない理由を丁寧に説明すれば上司や同僚も言われた通りに手順を変更しようと検討してくれるはずです。しかし、この粗雑なメッセージを受け取った上司は、相手に対してメンタルブロック状態になってしまったのです。

当たり前ですが、**上司も人間なので感情があります。**さらに、上司は忙しい人が多いので、いきなりわからないことを言われると頭に来ることもあるでしょう。「アパッチの設定ログは障害が発生したときに対応できるよう、保存するようにしたほうがいいと思うのですが、いかがでしょうか？」というように、理由も添えて丁寧に提案型で伝えると受け入れてもらいやすくなります。この丁寧さが欠けていて、上司にそのまま正論を言って炎上してしまうエンジニアが本当に多いです。

このように、急いでいるときでも丁寧にオブラートに包んで物事を伝えることが大事です。相手にとって気持ちのよいコミュニケーションができるようになると、**「一緒に働いていてやりやすいな」という印象**を持ってもらえ、上司に好まれる人になります。逆に、ぶっきらぼうで、正論だけを突きつける人は敵をつくりやすいので、現場で何かトラブルがあったときに味方してくれる人が少なくなるリスクがあります。このように、ITスキルだけでなくコミュニケーション力を身につけると、長く気持ちよく仕事ができるようになります。

「サクラエディタ」を使って改行して読みやすくする

チャットを使ったコミュニケーションにおいて、簡潔に丁寧に伝えることのほか、意識するとよい点が**「視覚的に見やすいかどうか」**です。中高生のときの学校の国語のテストを思い出してみてください。長文読解の問題は文字が多く「これを読むのか……」と面倒な気持ちになったことはありませんか？　具体的に文字を読まなくても、**視覚的に見るだけで、情報の量や、どんな分類で情報が伝えられているのか、人間はわかる**ものです。

実際のところ、部下が思っているよりも上司は長文のメッセージを読み解くのに苦労しています。特にチャットのやりとりで意識すべきなのは**改行**です。改行がないと文字の羅列を見て、どの情報が重要なのか、何点確認してほしいことがあるのかわからず、文章の解読に時間がかかります。

私のオススメは、メモツールを使って下書きしてから相手へ文章を送ることです。これもコミュニケーションをする上で必要な配慮だと考えています。メモツールには「VSコード」や「ワードパッド」などがあり、どれでも自分が好きなものでよいと思います。私はメジャーで使いやすい「サクラエディタ」を使って改行し、文章が読みやすくなるように工夫しています。

■ **サクラエディタをオススメする理由**

サクラエディタを使う理由は、**便利な機能**がたくさんあるからです。通常パソコンに入っているメモ帳にはない機能として、サクラエディタのデフォルト画面の横軸には**文字数をカウントするためのメモリ**が常に表示されています。そのため、横書きに何文字まで書いたかを確認してから改行することができます。私は15文字までにしていますが、スマートフォンの画面向けや、社内チャットツールの横幅に合わせて文字数をカウントして改行すると、非常に見やすい文章をつくることができます。

また、**「正規表現」**という機能があります。通常、Wordのようなソフトだと、空白スペースはひとつずつDeleteキーを使って削除すると思いますが、サクラエディタの場合はまとめて空白スペースを選択することで、一気に削除することができます。さらに置換機能を使えば、改行をすべてなくすように変換することもできます。これらの便利な機能がありながらも、サクラエディタは無料なので、誰でも職場で使えると思います。

これらのようなメモツールを活用しながら改行して読みやすくすると、上司は伝えたいことがすぐにわかるようになり、仕事ができる人という評価をされます。前提として、テクニックだけでなく、「相手に読みやすい文章を送ってあげたい」という配慮が最も大切です。

チャットで完結せずに、15分のオンライン会議で解決

不明点はすぐに相談することが大事ですが、よりスピード感を持って仕事をするのであれば、チャットではなく電話やオンライン会議がオススメです。

チャット文化のあるＩＴ業界ですが、**5分かけてチャットする内容でも、電話だと1分で解決できる**こともあります。この場合、単純に5分の1の時短になります。1日のうちに5分チャットで10回質問しているなら、50分も文字を打つために時間を使っていることになります。それが電話なら1日10分で済みます。

このように、電話やオンライン会議といった音声や映像で素早く情報のやりとりができたほうが、物事をより早く解決して次の作業に進むことができます。電話やオンライン会議のほうがきれいに言葉を並べなくても、**ニュアンスや雰囲気で伝わり、相手の気持ちや状況がわかるのでフォローしやすくなります。** さらに電話とオンライン

会議だったら、オンライン会議のほうが、**相手の表情がわかる**のでよりよいでしょう。

もちろんオンライン会議だと資料を画面共有することができる便利さもあります。チャットだと問題のある箇所のスクショや動画を撮って保存し送信する手間がありますが、オンライン会議で画面共有すれば、口頭で問題のある箇所を一緒に確認することができるため、**会社へ出社して隣の席で指導するような理解のしやすさ**があります。

チャットのやりとりによってうまくいかなかった例として、私のスクールの生徒のCさんという男性がいました。Cさんは、もともとIT業界とは違う業界で派遣社員をしており、今後エンジニアになるために「PHP」というプログラミング言語を習得すべく、教育カリキュラムを受けていました。

そんなCさんは、あるとき、課題がわからなくて困っていました。そこで講師に月曜日にチャットで質問を投げたものの、返信が来ないのにずっと返信を待ち続けました。3つの課題のうちの1つ目で止まってしまい、結局解決したのが木曜日だったのです。つまり、**疑問解消に丸3日かけていました。**

自分で調べる力がなくてわからないなら、本来なら講師に電話すべきでした。もし月曜日の時点で15分でもオンライン会議をしてヒントを得ていたら、残りの3日間で次の課題へ進めたでしょう。

オンライン会議にメンタルブロックがあるのか、会議を避けたがるエンジニアもいます。**チャットだけで完結しようとすると、上司の目に触れなければ、どこで止まっているか伝わらず、プロジェクトの遅延につながる**リスクもあります。勇気を出して、すぐに電話かオンライン会議でさっと解決し、悩む時間を減らしたほうがよいと思いませんか?

5章

部下から信頼される
エンジニア・コミュニケーション

部下の信頼を得るコミュニケーション術の秘訣

本章では、部下や後輩とのコミュニケーションにおける大事なポイントをお伝えしていきます。マネジメント層向けの研修を受けられた方もいるかもしれませんが、上司になると最適なコミュニケーションも変わってきます。

部下との信頼関係を築くために最も大事なことは、**相手の本音を引き出すこと**です。

私は、部下が本音で話せる環境をつくれたら、重大なミスや問題を未然に防ぐことができると思っています。特にエンジニアの仕事は、小さなミスが大きな影響を及ぼす可能性があるため、**日常的なコミュニケーションを通して、部下が自ら問題を相談しやすい関係を築いておく**ことが大切です。

例えば、大手N社のメールサービスでは、小さな操作ミスがあると Gmail が全部止まる設定になっています。すべての Gmail が使えなくなったら相当な非常事態です。このような一大事を防ぐためには、部下が本音を話しやすい環境をつくり、ミスやピンチのときに相談できる上司になっておくことが必要です。そのためには、**日頃から雑談などでコミュニケーションを取り、部下の本音を引き出す**ことが大切なのです。

■相手の心を開くコツ

では、部下の本音を引き出すためには、どうすればいいのでしょうか？　エンジニアはゲーム好きの人が多いので、私は雑談として**「ファミコンのくにおくんのゲームのリメイクが出るんですよ、僕、結構好きなんですよね」**と自分からゲームの話題で話しかけたりします。

相手の趣味を聞く前に自分の趣味を話すと心を開いてくれます。やはり、仕事の話だけでなく、共通の話題があると距離が縮まります。私は、上司と部下という仕事での関係性以前に、**人としてつながるように意識**しています。

また、定期的にＬＩＮＥなどでコミュニケーションの回数を増やす工夫もするとよいでしょう。「最近、調子はどうですか？」「またご飯行きましょうよ」といった具合に声をかけると、「自分なんかとメシに行ってくれるんですか？」と喜んでくれた部下もいました。その際にお互いの趣味の話をするのもいいと思います。ただ、上司との食事は人によって受け取り方はさまざまなので、誘っても大丈夫そうか、部下のキャラクターの見極めも大事です。

このように、上司から部下に声をかけて雑談し、人間関係を築けると本音で会話できるようになります。部下が自分から悩みや小さなミスを話せる環境は、大事故を防ぐことにもつながります。**いつでも相談に乗れるくらいオープンマインドでいること、感情的に話さないこと**が大切です。些細なことで怒っていると、部下はミスの報告をしたがらなくなるので、感情的になるのは控えましょう。ほんのちょっとした工夫で上司と部下の関係性は劇的によくなると実感しています。

感情を無視して「YESかNOのどっち？」と二択で迫るのはやめよう

部下から上司に対するコミュニケーションでは、わかりやすく伝えるために「YESかNO」で答えるとお伝えしました。しかし、あなたが上司ならば部下に対しては「YESかNO」の二択で迫るのはよくありません。なぜなら、上司から「YESかNO、どちらですか？」と端的に質問すると、部下は「自分の感情や考えが無視されている」と受け取る可能性が高いからです。この発言で**部下は委縮し、自分の意見を言えなくなる可能性**があります。つまり、部下が持つ意見や考えを発言する機会を奪うことにもつながるのです。

私の知り合いのJさんは、大手企業のチームリーダーで、部下に対して「YESかNO」を頻繁に迫る人でした。例えば、このような具合でした。

「Windows サーバー構築の進捗状況について、このログのエラーに対してこれはこういうことですか？　ＹＥＳですか？　ＮＯですか？」
「Linux サーバーの構築でこのエラーについては Apache のエラーということでいいですか？　ＹＥＳですか？　ＮＯですか？」

それに対して部下の方は、自分で調べたことを報告しようと「このエラーについては○○が原因です」とＪさんに伝えます。そこで、Ｊさんから「いや、結局ＹＥＳなんですか？　ＮＯなんですか？　はっきりしてください」と迫られると、部下はもっと委縮してしまいます。

このように、上司が部下に対して二択で迫ると、相手に高圧的な印象を与え、部下は質問されるたびに責められているような気持ちになります。

いつも頭を悩ませながら判断していることを、とっさに「ＹＥＳかＮＯ」で発言しようとすると、**正解・不正解で判断されているように感じて、「これを言ったことで評**

価が下がるのではないか……」と、気軽に話せなくなります。

また、**「自分の意見や考えを述べたい」という感情を無視される**ことにもなり、部下は困惑したり萎縮したりします。

■部下への上手な聞き方

問題解決のための簡素なコミュニケーションにフォーカスしすぎると、結局チームが連携できなくなります。上司に変な気を遣ってトラブルを隠したり、まめに相談しなくなって進捗が遅くなったりと、あまりよいことがありません。

二択で聞きたいなら、**「YESですか？　NOですか？　もう少しわかりやすく教えてもらえると、こちらとしても助かります」**など、フォローや合いの手が必要だと思います。そして、できれば二択ではなく、**「〇〇さんはどう思いますか？」**と意見を聞くようにすると、部下は答えやすくなります。また、**「調べてくれてありがとうね」**と部下を承認することも、話を聞く上では大事なポイントです。

部下とのコミュニケーションにおいて、「YESかNO」の二択で迫るスタイルは高圧的で否定的な印象を持たれるので控えたほうが無難です。年収が2倍アップしたある上司は、部下の意見や感情を尊重し、オープンな質問を通じて相手の考えを引き出しています。過度な二択の質問は部下から嫌われる原因にもなることを肝に銘じながら、相手の気持ちを尊重したコミュニケーションを心がけてくださいね。

営業になった途端、急に〝手のひら返し〟で態度が変わると嫌われる

SES（エンジニアの技術力を提供する契約）事業のあるIT企業には、エンジニアのほかに、エンジニアを適切な企業へ派遣するための営業担当がいます。エンジニアのキャリアの道としては大きく2つの選択肢があり、エンジニアのままスキルアップしてプロフェッショナルになる人と、エンジニアの知識を活かして営業になる人がいます。しかし、営業になると急に偉そうな態度を取る人がいます。これは、周囲のエンジニアからの信頼を失い、嫌われる原因になります。

営業の仕事は、「今後このスキルを伸ばしたい」「夜勤のない現場がいい」といったエンジニアの要望を聞いて、マッチする派遣先企業を探すことです。そのため、エンジニアの気持ちがわかる人が営業に向いており、やはり元エンジニアが多くなります。

しかし、先述したように、営業としての新しい立場や得た情報を使って、以前の同僚であるエンジニアたちを見下す人がいるのも事実です。かつての同僚は悲しい気持ちになりますし、「配置によって態度を変える人なのか……」とその人への信頼を失います。

実際に、私の知り合いでエンジニアから営業になったSさんは、以前のエンジニアの同僚たちに対して、高圧的な態度を取っていました。Sさんは、エンジニアに仕事を振るときに「俺が仕事を持ってきてやったんだよ」というようなあからさまな態度を取っていたのです。また、営業になると各エンジニアの案件単価や給料がわかるようになるため、Sさんは「こいつはこれぐらいしか稼いでない」と給料で相手を評価する姿勢で偉そうに会話していたのです。

このSさんの例のように、少しコミュニケーション能力の高い若手が営業に配属されて、自分より年上のエンジニアに対して「これしか給料もらってないんだ。尊敬して損したわ」と急に見下す態度を取る人も稀にいます。

そもそも相手を気遣えない人はナンセンスですが、個人の給料でなく会社としての利益は、会社側の評価のひとつになります。会社の利益は、会社の売上からエンジニアの給料を引いた差分になります。例えば、23歳で給料20万円しかもらっていない若手でも、すごく優秀で月60万円の売上であれば、会社の利益は月40万円です。一方で、ベテランエンジニアで給料は月60万円なのに、月80万円の売上であれば、会社の利益は月20万円しか出していないため、23歳の新人のほうが給料は低くても会社には貢献している計算になります。

このように、**給料や単価だけでエンジニアを評価するのはナンセンス**です。営業になるとエンジニアの単価情報を得られ、優位性を感じたりマウントを取ったりする人がいますが、情報を多く手に入れたからといって、営業が急に偉くなるわけではありません。そもそも仕事をしてくれるエンジニアがいなければ、クライアントと契約できないからです。

もちろん、エンジニアから営業になるのは素晴らしい経験のひとつです。年収が上がりますし、フリーのエンジニアになるには営業力は必須スキルだからです。ただし、営業に変わったからといって、エンジニアに対する尊重や感謝を忘れてはいけません。営業になっても人から嫌われたり、信頼関係を失ったりするマインドでいると、自分の給料や年収もそこで頭打ちになるでしょう。

サーバー起動だけでも課金される点を注意喚起する

上司になると、自分のことだけでなく、部署で利用している月額システムの管理やプロジェクトの進行状況、部下のマネジメントが必要になってきます。多くのマネージャーはプロジェクトの進捗管理についつい目が行きがちで、利用中のシステム管理は意外と落とし穴です。

クラウドサービス上でサーバーやリソースを稼働させているだけでも課金されることがあります。そのことを知らなかったり、部下もわかっているものとして進めていたら後で請求されたりするケースがあります。「部下たちは課金されることをわかっているだろう」という気持ちがあったとしても、あえて注意喚起することが重要です。小姑のように思われたとしても、必要だと思うことは上手に部下へ伝えておきましょう。これも、エンジニア・コミュニケーションのひとつです。

「Amazon Web Services」（ＡＷＳ）や「Microsoft Azure」などのクラウドサービスでサイトなどのリソースを作成した際、仮想マシンや「Elastic IP アドレス」などの固定ＩＰアドレス（ＩＰアドレスとは、パソコンのネットワーク上の住所のこと。いつも同じ住所にすることを固定ＩＰアドレスといいます）などを削除しない限り、継続して課金が発生します。これは、多くのエンジニアが見落としがちなポイントであり、意図せずに高額な料金が発生するリスクがあります。実際に私の経験でも、ＡＷＳで仮想マシンを削除したのに、関連する「Elastic IP アドレス」を削除しなかったために課金されたケースがありました。

「ＡＷＳ」や「Microsoft Azure」は1年間（12ヶ月間）無料とされていますが、細かい注意事項や適用条件に気づかず、１年経過せずに請求が来たこともありました。「Azure Synapse」というサービスは、１日放っておくだけで数千円課金されることもあります。部下が無料だと誤解して、実際は課金対象のリソースを使用してしまう事例は多くあります。

「細かいことだから言わなくてもいいだろう」と勝手に判断するのではなく、部下にしっかり説明することが大事です。わかっていなかった場合、無駄なコストがかかります。「わかっているかもしれませんが、気をつけてくださいね」という言いまわしで丁寧に説明するようにしましょう。

このようにクラウドサービスを使用する際には、起動しているリソースやサービスの課金リスクを把握し、部下と適切に共有することが重要です。不必要な課金を避けるために、使用しないリソースなどはきちんと削除する必要があります。会話をすることだけがコミュニケーションだと思わず、システムを利用しているなかでどんな障害が発生するかを予測して相手を気遣うコミュニケーション力は、マネジメント層には必要なスキルです。

マインドマップツール「XMind」を活用してチームで課題を共有する

上司から部下へコミュニケーションを取る際に、チャットなどのツールを使うこともあります。そのなかで私のオススメはマインドマップツールです。

マインドマップとは、自分の頭のなかで考えていることを分類して整理することで、理解を深めたりアクションにつなげたりするためのツールです。マインドマップツールのなかでも**「XMind」**というソフトを私はよく使います。「XMind」を活用することで、エンジニアチーム内での課題共有が効果的に行なえ、問題や課題を解決することが可能になります。

「XMind」は、視覚的に情報を整理しやすいメモツールです。数あるマインドマップのなかでも、「XMind」はカラフルで見やすいのが特徴で、とても便利です。マインドマップを使うことで、問題や課題を中心に、関連する要素や原因をわかりやすく表現でき、解決につなげることができます。個人利用は無料で、商用利用は有料版の契約が必要ですが、有料であっても活用したほうが便利だと思います。

障害発生時の原因分析やケアレスミスの原因追求など、具体的な問題や課題に対してマインドマップを作成し、**「なぜなぜ分析」**をして深掘りすることができます。また、ひとりで思考整理のために使うこともあれば、リーダーとしてチームで共有することもあります。

いずれにしても、**問題の根本原因を明確にし、解決策を効果的に導き出す**ことができます。これは**考えを可視化して自覚する**ことに意味があるからです。

自分の頭のなかだけで考えると、考えがループして深掘りできないことがあるので、「なぜなぜ分析」で掘り下げていくことが大事です。

私の場合は、例えば真ん中に「問題・課題」と置いたら、そのまわりに枝葉をつくり、思いつくまま手当たり次第に頭で考えていることをアウトプットして、そこから

マインドマップのイメージ

例1：仕事上のミス発生の洗い出し

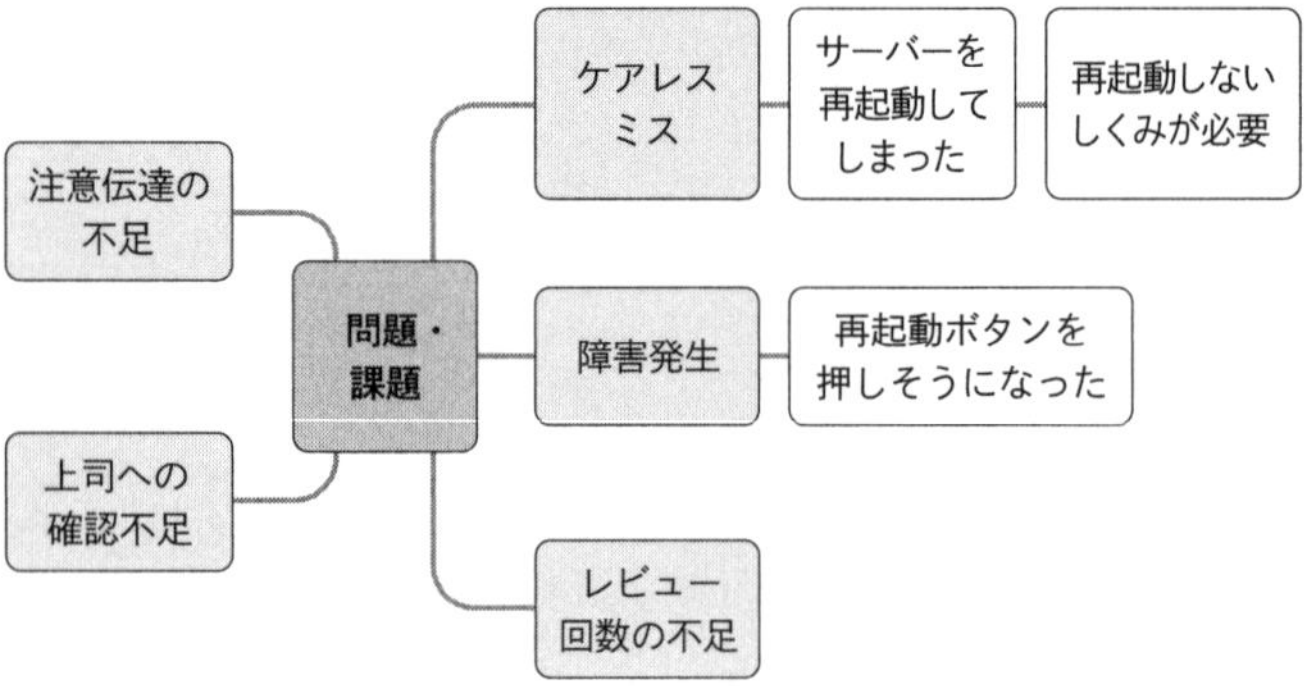

例2：転職時の思考整理

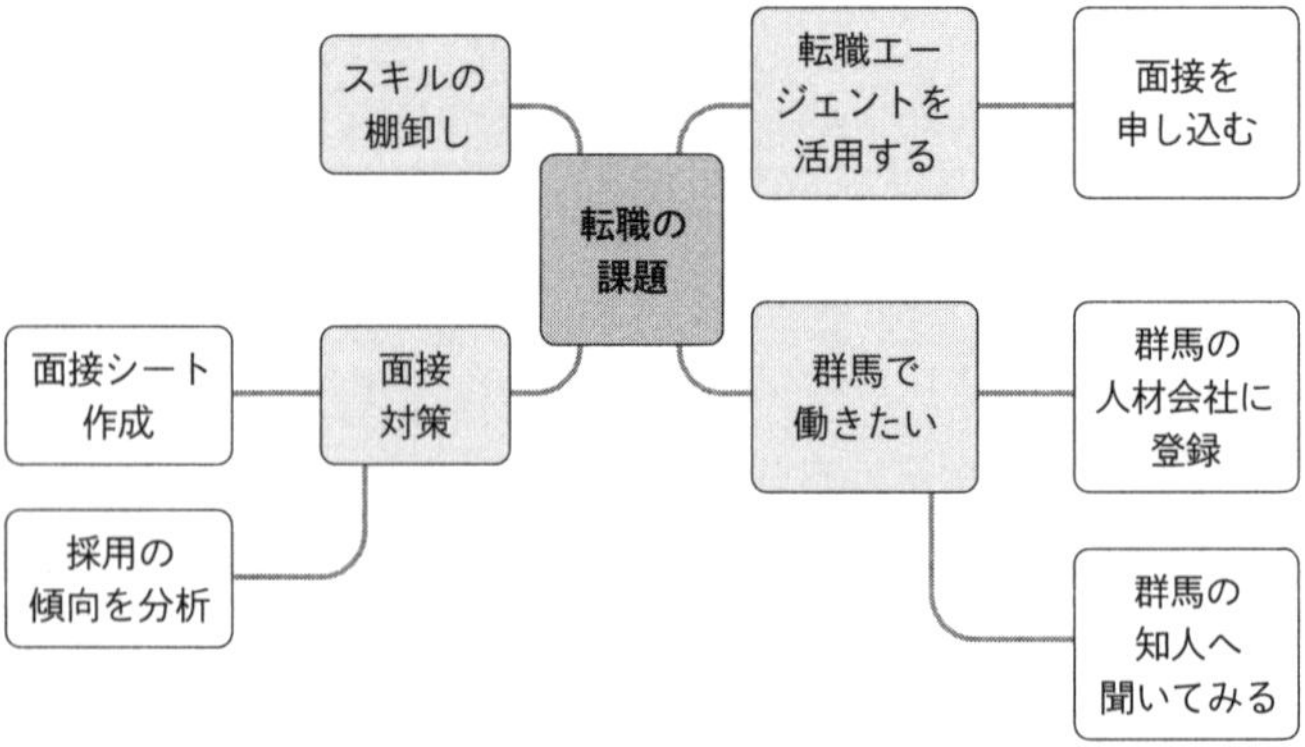

ドラッグアンドドロップなどで整理してまとめるようにしています。

活用例として、前職時の元部下の転職相談に乗ったときのエピソードがあります。まず、転職についての部下の話を聞く機会をつくりました。そして、「XMind」で部下の理想と現実のギャップについて明確にするために、目標を真ん中に置き、「群馬で働きたい」や「転職エージェントを活用する」に対して、今やっていることを書き出していきました。転職の時期を整理したり、私が出している課題についての感想を書いてもらい、最終的には「今後どうするか」を導き出すことで思考整理ができました。結果、取るべきアクションが明確になり、彼は無事に転職することができたのです。

上司の頭のなかが整理されずにモヤモヤしたまま進むと、伝えたいことが部下に伝わりません。「XMind」などのマインドマップを使って、チーム内で問題や課題を視覚的にわかりやすく整理して共有すると、問題解決への道筋が明確になります。また、丁寧に情報共有しようという誠意も伝わり、部下からの信頼にもつながります。気になった方は、ぜひ活用してみてください。

リアルで会う機会が減っているので「食べニケーション」の重要性が増している

新型コロナウイルスの登場した2020年以降、リアルでの対面コミュニケーションの機会が減少しました。コロナ禍が明けて出社が増え、自由に外食できるようになった今でも、まだリアルなコミュニケーションの機会は少ないままです。だからこそ、食事をともにする「食べニケーション」が重要だと考えています。

リモートワークが普及し、コロナ以前より出勤の機会は減り、会社の人との対面の機会が減少しています。同じ部署や同期などで一緒にランチに行く機会も少なくなりました。特に忙しく働いていると、上司と部下が現場で一緒に働くケースはほぼなく、対面コミュニケーションを取るのは難しくなっています。だからこそ、**職場から離れて食事をすることで、信頼関係の構築ができる**と思っています。

コミュニケーション法のひとつとして、「飲みニケーション」という言葉は聞いたことがあると思います。しかし、私が推奨するのは**「食べニケーション」**です。お酒が飲めない人は結構多いですし、飲み会を煩わしく思う人も多いので、「飲みニケーション」ではなく「食べニケーション」がベストだと思っています。

「食べニケーション」の機会は3つあると考えています。**「全社会議で集まったとき」「勉強会や研修で集まったとき」「特に仕事上の目的もなく少人数で集まったとき」**です。オススメは、3つ目のオフィシャル感のない集まりが堅苦しくないのでよいと思います。例えば、「たまには2000円のランチを食べに行こう！」とワクワクする気持ちで声をかけるのです。ランチやカフェで気軽に集まり、「最近調子どうですか？」からはじまり、仕事以外の話題として趣味やプライベート、休日の過ごし方、「ファイナルファンタジーXをやっているって言っていたけど、あれから進んだの？」などと幅広く雑談することで、メンバー同士の関係が深まっていきます。

このようなコミュニケーションの機会がないと、人や会社との絆が薄くなり、単に

「給料が低いから」「ちょっと面倒くさいから」という理由で会社を辞める人もいます。大手企業ならそれなりに給料が高いので辞めない人もいるかもしれませんが、ＩＴ企業の多くは中小企業であり、客先で現場仕事に就くことが多いです。そのため、社内でのコミュニケーションは意識して取らないと発生しません。

リーダーが呼びかけて「この日はチームみんなで集まろう」「普段は、それぞれの現場に行ってなかなかコミュニケーションの機会もないから、たまには集まろう」などとコミュニケーションの場を積極的につくることが大事です。

特に、若手社員や新卒社員は、コロナの影響でオンライン講義やマスク環境で顔がわからないまま大学4年間を過ごした人が多く、希薄な人間関係を経験しています。実際、知り合いの新入社員の方は「普段はほぼオンラインだし、リアルで会っても全然飲みに行くこともない」と言っていました。

リアルでの対話を通じて、チームワークを高めることができるので、非公式な「食べニケーション」の場を積極的に取り入れることは、メンバー間の信頼関係を深め、スムーズなコミュニケーションの促進、帰属意識の向上に不可欠だと考えています。

エンジニアの部下を持つならコーチングを学ぼう

私はエンジニアの部下を持つ上司は、コーチングのスキルを学ぶことが必須だと思っています。

コーチングとは簡単に言うと、**相手の人生の自己実現をサポートするもの**です。**相手の話を聞きながら、その人の本音や目標、夢や現状の課題などを引き出して、その人自身で課題を解決できるようにアシスト**します。エンジニアはインドア派で内気な人が多く、自分から目標やキャリアについて話すことは稀です。そのため、目標設定の方法の知識に加えて、傾聴力がないと、その人の自己実現をアシストすることができません。

エンジニアが自分から話をしないのは、上司がしゃべるタイプのため、委縮して自分から話さなくなったというパターンも多いでしょう。じっくり相手の話を聞き、質問して話しやすい雰囲気をつくることが大事です。そうしないと、不明点があっても黙って進めてしまったり、最悪の場合は部下がうつ病になるケースもあります。やはり、部下のボトルネックを解消しない限り、次のステップに進めないのです。

そういう私自身もコーチングを受けています。自分ひとりで考えていても考えがループして、迷うことがあるからです。コーチングのプロと話したり、他の人に少しでも話したりすることで、自分の可能性や将来やりたいことを引き出してもらえます。そして自分がコーチングを受けているので、自然と部下に対してコーチングできるようになります。

SESでいろいろな現場に行くと、人間関係で悩んだり、「自分はこういうアプリをつくりたいけど、やらせてもらえないから違う現場に行きたい」と迷っている人と多く出会います。**「思い描いている自己実現ができない」と感じると、その職場から離れたいと思うもの**です。現場にいる上司が話をしっかり聞くことで、案件からの人員の離脱を防ぐことができます。もしくは、その人が行きたい現場に異動できるようサポートすることもできます。

上司と日常的な悩みを共有できると、部下がいきなり「辞めます」と伝えてくるような事態はほとんど起きません。コーチングは、エンジニアの部下を持つ上司にとって、部下の想いや目標を引き出せる有効な手段です。自己実現をサポートすることで、部下のモチベーションや成果、生産性や満足度が向上するので、ぜひ活用してみてください。そして自分自身にもコーチングを活用して自己実現していくこともできるのです。

「上流工程」を教えてあげると、部下はエンジニアとして成長できる

優れた上司は、人材を育てることも上手です。上司になると自分の仕事だけでなくチームメンバーのマネジメントが必要になるため、視野を広く持って仕事をする必要があります。

その上で、一人ひとりのエンジニアに向き合ってキャリアを考えてあげることも上司としての重要な仕事です。エンジニアのキャリアにおいて、上流工程（特に設計）があることを教えることは、部下の専門性の向上と年収アップにつながり、キャリアアップに重要な役割を果たすことができます。

エンジニアの業務には、大きく分けると「運用↓保守↓構築↓設計」という「エンジニア出世の4ステップ」があります。運用や保守はエンジニアなら誰でもできる作

業で、報酬も低い傾向があります。なぜなら、手順書やマニュアルに沿ってできるルーティン作業だからです。例えば、監視のアラートが上がっていないか、ログを見てエラーが入ってないかを確認するなどの作業が運用の仕事になります。

私は、**キャリアアップを望んでいる人なら運用ポジションは半年から1年経験すれば十分**だと思っています。**保守も1〜2年程度でマスターし、次のステップへ進む**ことをオススメします。運用・保守は誰でもできる楽な仕事である代わりに、リアルでの作業が多く出社率が高いという特徴があります。常に問い合わせが来て、自分のペースで仕事ができないデメリットもあります。一方で、**設計や構築の工程は専門性が高く、より高い報酬が期待**できます。

私のスクールの講座生のBさんは、約3年間運用・保守の仕事を続けており、年収が300万円程度で停滞していることが悩みでした。そこで、「エンジニア出世の4ステップ」を伝え、運用・保守は年収300万円〜400万円、構築は年収400万円〜700万円、設計までできると年収1000万円を目指せることをお伝えしました。Bさんは「まずは構築ができる現場や職場に就きたい」という気持ちが生まれた

エンジニア出世の4ステップ

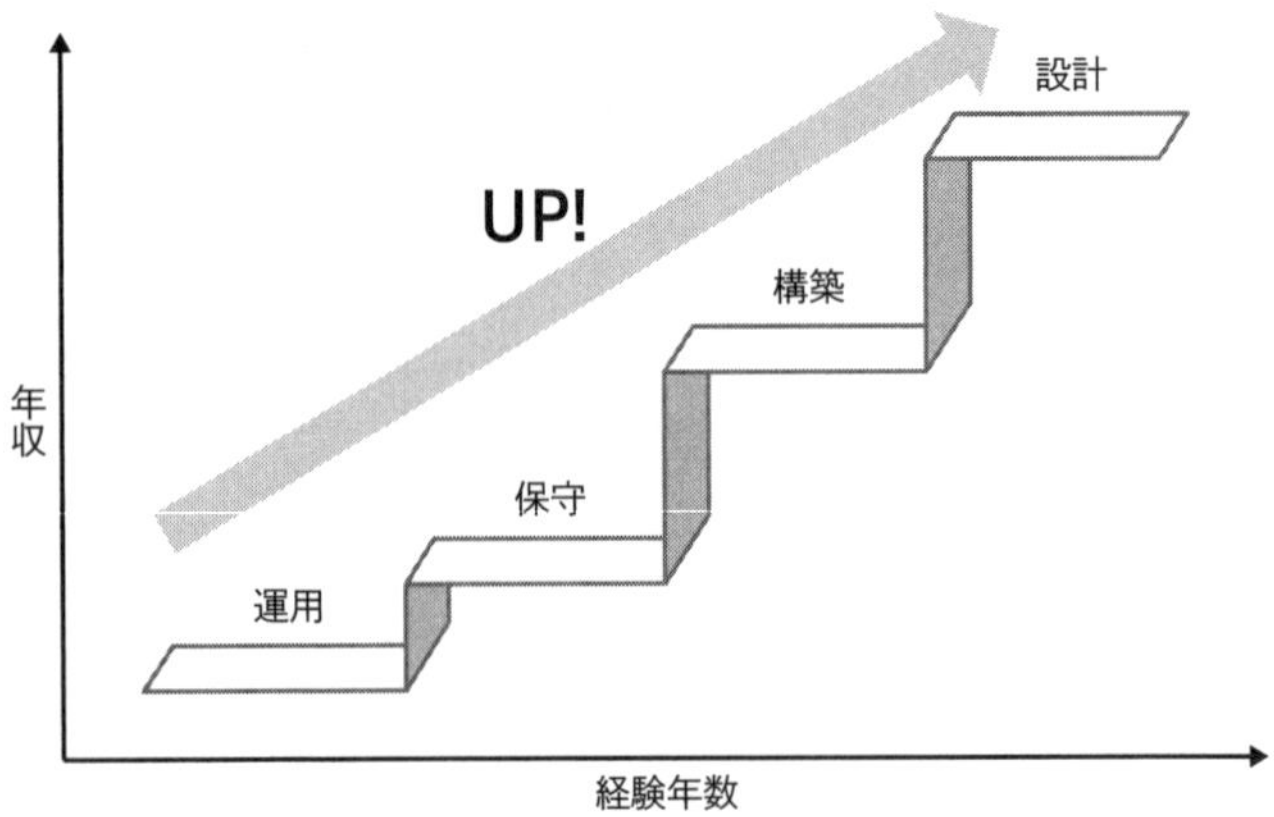

ので、上流工程に必要なスキルや勉強を教え、見事、転職と年収アップに成功しました。

運用・保守の仕事は楽な面もありますが、「単価を上げたい」「自由な時間をつくりたい」「もっと面白い仕事がしたい」という人ならば、上流工程に進むほうがよいと思います。部下に対して上流工程への進出を促すことは、専門性の向上やキャリアアップ、モチベーション向上、年収アップにつながります。コーチングや聞き出すコミュニケーション力を活用しながら、部下のキャリア相談に乗ってあげてください。

6章

社外コミュニケーションを磨けば独立も見えてくる

社外コミュニケーション力はフリーエンジニアの登竜門

エンジニアは黙々と作業することが多い職種であるため、つい最低限のコミュニケーションになりがちです。しかし、もっとコミュニケーションの幅を広げて、社内だけでなく社外とのコミュニケーションを取れたら、フリーエンジニアとして独立しやすくなります。

フリーエンジニアは、社外の人と仕事をするので、社外コミュニケーション術は必須です。社内の人とだけコミュニケーションを取っている人は、つい会社のなかでどうやって仕事をするかにフォーカスしがちです。そして、数年働くと先輩の仕事ぶりが理解できて、会社のなかで目指せる天井も見えてきます。天井が見えると、仕事へのモチベーションやパフォーマンスに影響が出ます。

一方で、普段から社外の人とコミュニケーションを取っているエンジニアは、**新しい刺激を受け、広い視野で自分を俯瞰しているため、「どうやったら自分を高められるのか?」を考えています。**自然と向上心が高くなり、フリーエンジニアにステップアップしていきます。

他社からの出向社員との交流がない職場なら、**エンジニア交流会や勉強会**といった、社外の人と話せる機会を大事にするとよいでしょう。社外の方と出会ったご縁から、転職のきっかけや仕事の斡旋につながることは多く、次の道を見つけることにも役立ちます。

私の知り合いの若手エンジニアUさんは、社会人3年目でフリーエンジニアとして独立しました。Uさんは人材教育会社の有名な教育サービスを受けていたため、「自分は何のために生きているのか?」といった働くための根源的な疑問を普段から熟考していました。さらに、アグレッシブな経営者の方たちと若い頃から付き合って刺激を受け、「彼らのように自分ももっとチャレンジしたい」と考えて、フリーエンジニアに転身したそうです。

このように、社外の人から刺激を受けながら、コミュニケーション力も上がるため、一石二鳥で成長することも可能です。社外でモデルになる人がいれば、**「○○さんみたいになりたい」という憧れからモチベーションが上がったり、独立の相談をしたりする**ことができます。

■出向先で力をつける

あなたが出向するエンジニアなのであれば、出向先の方とのコミュニケーションが大事になります。もし「長く働いてもいい」と思える現場だったら、**自発的にコミュニケーションを取って親睦を深める**のもよいでしょう。出向先の上司の方に「飲みに行きましょう」と誘い、飲み会や歓迎会・送別会に積極的に参加するとコミュニケーションが濃密になり、関係性が深くなります。

ただ、出向先の雰囲気によっては、淡々と仕事をしたほうがいい場合もあるので、その見極めが大事です。**自分の求めているスキルが学べるのかどうか、人間関係の相**

性がいいかどうか、コミュニケーションを取ることで見極めてください。

出向先のメンバーによって案件を変えるという人間関係が苦手な人もいますが、SES（エンジニアの技術力を提供する契約）という業態ではさまざまな出向先へ派遣されるので、この際、コミュニケーションスキルを身につけて慣れたほうが得でしょう。

SESのデメリットは短期で終了してしまうことですが、メリットは自分の腕次第で好きな職場で働ける点です。ステップアップのために、あえて短期で案件を終えることもできます。こういった交渉もコミュニケーションありきなので、まずは社外の人との接触機会を増やすことからはじめましょう。

依頼主の立場から見た“理想のエンジニア”を想像しよう

フリーエンジニアとして大切なことは、**依頼主であるエージェントから見た理想のエンジニアを、同じように想像できるかどうか**です。

会社で長年勤めてスキルアップし、技術者として優秀にならないと独立できないと思っている人は多いですが、実際はそこまでハードルは高くありません。案件を依頼するエージェント側が求めるエンジニア像を理解していれば、そこまでスキルが高くない場合でも案件は獲得できるからです。

求められるエンジニア像がわかると、案件の面接でマッチしやすくなり、仕事が途切れることがなくなります。では、どんなエンジニアが求められるのでしょうか？

最低限のＩＴスキルがあることは前提ですが、ズバリ、**素直でハキハキ答えられるコ**

ミュニケーション力の高い人です。

案件元は、コミュニケーションが取りやすく、指示を出しやすい真面目なエンジニアに依頼したいと思っています。そのため、50代以下で年齢が高すぎないエンジニアが好まれる傾向にあります。ただし、年齢が50代以上でもスキルやコミュニケーション能力が高ければ採用されることもあります。

また、**業務を行なう上で人と人との間に入って、折り合いをつけられる人**も重宝されます。職人気質のあまり、ひとつの物事に対して「こうあるべきだ」と視野が狭い人は、けむたがられるからです。

自分の意見を持っているのはいいことですが、折衷案や妥協案を提案したり、**「自分で試してみましたが、こういう結果になりました」**とその過程を報告したりするとベストです。物事の落としどころや、相手との折り合いをつけられる人は繊細なコミュニケーションができるため、採用される確率が高くなります。

■フリーエンジニアになったときのことを想像しておく

このように、**依頼主の要望を正確に把握し、自分自身を上手にアピールするとよい案件と巡り合うことができます。**できれば正社員エンジニアのときから、フリーエンジニアになった未来を想像しながら、理想的な態度や姿勢を実践しておくとよいでしょう。高いコミュニケーション力に加えて、エンジニアとしてのスキルがあれば、引く手あまたの人材として案件元から大事にされるでしょう。

依頼主からの案件情報を深く理解しておけば、参画する現場の様子がわかり、マッチする人材として自分をアピールしやすくなります。面接前にそうした準備ができるように、依頼主との関係性やコミュニケーションも大事にしましょう。

社外エンジニアと会うことで自分の「相場年収」が見えてくる

社外の人とコミュニケーションが取れると、自分の「相場年収」を把握できます。相場年収はネットで情報収集できると前述しましたが、社外のさまざまな案件を渡り歩いているエンジニアと会うことで、より現実味を持って自分の相場年収を知ることができるでしょう。

自分の仕事をしているだけだと視野が狭くなり、年収の相場を知る機会はまずありません。年収の相場を見極めるためにも、**社外のエンジニアと話せる機会は貴重**です。社内エンジニアとは毎日同じ職場で仕事する仲間であるため、年収についての話題は出しづらいからです。社内のコミュニケーションだけをしていると、優秀な人でも自分の相場がわからず、ずっと安価で働き続ける人もいます。**社外の人とコミュニケーションを取ることで、自分のスキルが意外と高いと気づく**場合もあります。

私自身も、会社員エンジニアで別の派遣会社に勤めているMさんに**「君のスキルだったら、これくらいもらって当然だよ」**とアドバイスされ、転職に踏み切って年収アップしたひとりです。Mさんに教えてもらった金額をそのまま面接で伝えたら、なんと、その年収で採用してもらえたのです。社長が直接私を紹介してくれたので、その場ですぐに内定を通知され、話が早くまとまりました。

社外の人と会うために、1回3000円くらいの交流会に参加して、飲みながら相場年収などの情報を得られるなら安いものです。例えば、現役でプログラミング言語を巧みに使っているベテランエンジニアから正確な相場感を聞いて、非常に勉強になったこともありました。

現役のプロからの情報収集は、芸人時代にも大事にしていました。漫才やネタも他の人に見てもらうことが、面白くなる秘訣だからです。当時、Yさんという方にビジネスのコンサルティングをお願いしていたのですが、偶然にもYさんは元吉本興業のお笑い芸人でした。そこでコンサルティングだけでなく、私のネタも特別に見てもらっていました。Yさんのアドバイスによって「リアクションをパッと見てわかるくらい大袈裟にやる」などコツをつかみ、お客さんにウケるネタへと変化していきました。ほかにも、通常は自分と相方だけでネタをつくっていましたが、放送作家の方や外部の方の視点を活用することでウケるネタになった経験もしました。おかげで、A・B・Cで評価されるお笑いランクでも、もともとCだったところからBに上がったのです。

■ステップアップには客観的な目線が必要

エンジニアには「運用（誰でもできる）↓保守↓構築（技術力が必要）↓設計（スキルが高い）」という4ステップがあるとお伝えしましたが、お笑い芸人にも同様なステップがあります。「M1グランプリ（誰でも出場できる）↓THE MANZAI（プロだけが出場できる）↓THE MANZAIで優勝（ずっとひとつのネタをしているだけでもウケる技術力）」といった具合です。

私の尊敬する「かもめんたる」さんや「錦鯉」さんは、同じネタだけでウケ続けているので、まさに職人芸だと思っています。プロの芸人でも、誰かにネタを見てもらって、多くのフィードバックを受けています。もちろん、芸人とエンジニアでは仕事内容は大きく違いますが、**外部の客観的な目線はどの仕事でも重要**だと考えています。

会社で働くだけでは、意識しないと外部の人を紹介してもらえる機会は少ないと思います。エンジニア交流会やフリーランスになるための勉強会などを見つけたら、まずは参加してみましょう。リアルで名刺交換をしたり、オンラインで話すことで、自分のスキルの現状把握ができます。そして、社外エンジニアと会うことで自分の「相場年収」がわかり、将来のキャリアのイメージが徐々に明確になってきます。

派遣先では「エヴァ」と「ガンダム」の話で仲よくなる

ＳＥＳに登録して働く場合、派遣先で初対面の人たちと仕事することになります。業務を円滑に進めて社外情報を得るためにも、派遣先の人たちと仲よくなることは大切です。オススメは、**趣味の話**をすることです。**私はよくアニメの話題をするようにしています。**

なぜなら、エンジニアはアニメ好きが多く、アニメの話題は刺さりやすいからです。ここでポイントなのは、年代によって見るアニメが違うということです。自分の世代にピンポイントでヒットするアニメの話題は非常に盛り上がりますし、一気に心の距離が縮まります。年代別に適したアニメの話題をできるように、**各世代ひとつくらいは有名なアニメを押さえておく**と、話のネタとして使うことができます。

例えば、30代後半〜40代なら『新世紀エヴァンゲリオン』、40代〜60代まで幅広く話ができるのは『機動戦士ガンダム』、20代～30代前半は最近のアニメの話題がおすすめです。

特に20代は趣味がバラバラなので、アニメだけでなくYouTubeやゲーム、『鬼滅の刃』『推しの子』などの漫画で盛り上がるのもよいでしょう。60代以上の世代なら、アニメの話ではなくマイナーな昔のソフトウェアの話も盛り上がります。例えば、「MS-DOSだと、CLIというコマンドで打つ必要がありましたよね」といった、昔使っていた人にしかわからないワードを出すと喜んでもらえます。

話題の振り方としては、「最近、ガンダムのアニメにハマってるんですけど、○○さんはガンダムとか見てますか?」と、**最初に自分がオープンになって相手に話題を振ることがポイント**です。堅い仕事をしている最中でも明るい雰囲気になり、ちょっとしたことで雑談しやすくなります。

お互いにフレンドリーになると、聞きづらいことも質問できるようになるため、結果的に業務が円滑に進みます。また、職場の人と飲みに行くのが楽しみになり、さらにコミュニケーション力や親密度が上がっていきます。

また、話題の深掘りやより深い共感を呼ぶために、アニメに登場するセリフを使うのもテクニックです。例えばガンダムシリーズが好きな相手であれば、ほとんどのファンなら知っているファーストガンダムの作品の名ゼリフを使います。何かのきっかけに「はかったな、シャア！」「親父にもぶたれたことないのに……」などと返すと場が和んで距離が縮まります。もちろん、相手の性格や状況なども見極めた上で、活用してくださいね。さらに、相手の好きなアニメのＬＩＮＥスタンプでやりとりすると仲よくなります。

アニメを見るのが大変なら、「Wikipedia」で調べたり、漫画を軽く読むだけでも効果はあります。要するにストーリーを把握しておけばよいからです。実際、『遊戯王』が好きな仕事の先輩Sさんに、私から『遊戯王』の話をするようにしたら、いつしか自然に仕事の話もできるようになりました。どの現場でも活用できる汎用性の高いスキルなので、ぜひ話題づくりにチャレンジしてみてください。

高い面接力で年収3倍になったエンジニア

フリーランス案件を獲得するためには、まずは、**紹介エージェントの営業とのコミュニケーション**が大切です。最近はフリーランスのエージェントの営業からLINEのやりとりで案件概要を送ってもらうことも増えてきました。営業としては早く契約を決めたいと思っているので、注文の多いエンジニアよりも、「なんでもやります!」というやる気のあるエンジニアのほうに注力してサポートしたくなるのが人情でしょう。

私の知人の少しわがままなKさんというエンジニアは、案件選びの条件が厳しい人でした。「○○系の会社は遠慮します」「金融系はNGです」など細かい条件を指定するため、営業からすると非常に案件を紹介しづらい人だったと思います。加えて、「過去に何か大きなトラブルをしでかしたのではないか……」と疑われてしまう始末。

もちろん、会社によって文化の差があるのは当然です。承認を複数回しないとレビューしてもらえないなど、業務上煩わしいと思う会社はあるかもしれません。しかし、細かい条件を指定する人は、過去にコミュニケーション面で問題を起こしているケースが多く、担当営業からすると面倒なエンジニアとして認識されてしまいます。

また、営業にとっては自分の気持ちを汲んでくれる人は好印象なので、案件でオファーが出たら「参画します！」と即決してくれるエンジニアは重宝されます。「次の案件の面接も受けさせてください」と言って別の案件を受けた結果、オファーが流れてしまう人もいます。強いこだわりを捨てて先約を優先し、営業との関係性を良好に保てると、長い付き合いをすることができます。

■面接のコツ

面接でのコミュニケーションのコツは、まず**自信のある態度**で話すことです。そして、面接の最初に職歴サマリーを話し、現在の仕事の話をします。スキルシートを事前に読んで備えておいたり、面接の練習をすると本番でうまく話せるため、私のスクールでは面接の実践練習をしています。

また、**案件のスキルに沿ったキラーフレーズ**を入れて話すと面接官の記憶に残りやすくなります。例えば「Terraform」を使う案件であれば、「Terraform には自信があります」などです。

オンライン面接の場合は、明るい画面になるように照明を調節した上でバーチャル背景にし、カメラ目線でハキハキ話すと好印象です。言うまでもありませんが、寝癖がついたまま頭髪やパジャマやジャージは論外です。面接なのでしっかり身だしなみを整えて、スーツで参加しましょう。

私はエンジニア向けにコミュニケーション力が向上できる講座を開催しています。コミュニケーション力が高くなり年収が3倍になった方など、多くの受講生に喜んでいただいています。特に、初めてフリーランスになるときや、案件を切り替える前には、コミュニケーション力を上げて準備しておく必要があると思います。

知り合いのフリーエンジニアがあなたを救ってくれる

あなたには社外の知り合いは何人いますか？　仕事や生活の問題が起きたときに解決できるように、日頃から社外人脈をつくっておくことが大切です。正社員で収入やスキルに悩んだとき、初めてフリーランスを目指したとき、フリーランス案件を切り替えたいときなど、社外に知り合いのエンジニアがいれば相談することができます。また、**エンジニア同士の社外ネットワークがあれば、困ったときに助け合い、仕事を紹介してもらえることもあります。**

実際、私も人とのご縁の価値を、特にコロナ禍で体感したひとりです。新型コロナウイルスの影響で、対面研修の予定がすべてキャンセルになり、収入が減少しましたが、幸いにも知り合いのフリーエンジニアから仕事をもらえたので、何とか乗り切れました。私の講座の受講生Iさんも、いきなり会社を退職せざるを得なくなりましたが、私が紹介した案件で採用され、働き続けることができたのです。
私が独立したときも、ＩＴ営業の方とつながっていたので、退職してすぐに案件をもらえ、フリーランスの道を切り開くことができました。

このように、社外人脈があると、いざというときに非常に心強いです。できれば会社員のうちに、社外のエンジニアやフリーエンジニア、またはエンジニア以外の人ともつながっておくことがオススメです。

■謙虚な気持ちが次につながる

社外の人と付き合う上での大事なポイントがあります。それは、**謙虚な気持ちを忘れない**ことです。

スキルのあるエンジニアを求めている会社は多いため、社外案件を探すだけでも誰かとつながることはできると思います。そこで、**「未熟なところもありますが、教えてくれませんか？」**という謙虚な姿勢でいると、多くの人から応援してもらえます。さらに、運のよい場合には、エージェントを介さずに直雇用で業務委託を締結できることもあります。低姿勢すぎる必要はありませんが、謙虚さや誠実さを意識するとよいことが起こるはずです。

人とつながるためには、定期的に交流会や勉強会に顔を出して、リアルで人と会うことが大事です。私もエンジニア飲み会を主催していますが、飲み会だと普段聞けないＩＴのリアル話が聞けると実感しています。そして、一緒に飲みながら「この人だ！」とピンと運命を感じる人や、キャリアの話をしたいと思った人がいたら、個別にご飯や飲みに誘ってみてください。

また、将来的にキーマンとなる幹事の方とはつながっておくと、何度も交流会に誘ってくれるなど、人脈の幅が加速度的に広がります。人脈が多ければ、フリーランスになった後に情報交換や案件確保の機会が生まれます。ぜひ、少しずつでもいいので、まずは外に出て知り合いを増やすことからはじめてみましょう。

勇気を出して異業種交流会に参加してみよう

リモートワークや在宅勤務の多いエンジニアにとっては、外に出て人に会うことはとても億劫なことかもしれません。しかし、社外人脈をつくることには多くのメリットがありますので、ぜひ勇気を出して異業種交流会に参加してみてください。

交流会に参加するメリットはたくさんありますが、やはりひとつ目は、**人脈が増えること**です。私自身も交流会で知り合ったフリーランスエンジニアから仕事を紹介してもらえたり、行政書士や司法書士の士業の方と知り合って独立のサポートをしてもらえたりと、非常に助かった経験があります。特に、初めての独立に際して、起業に必要な会社登記や補助金の情報をもらえたのは大きかったです。

次に、私が実際に参加して感じた2つ目のメリットは、**見聞と視野が広がる**ことです。人付き合いが少ないと、視野が狭くなりがちです。そのため、多くの人と話すことで情報交換をし、自分の視野を広げることが大事です。ときには、保険の営業マンと知り合って高い保険に入ることになるかもしれません。しかし、多様な人と付き合いがあると、その保険が適切ではないことにも気づけるのです。

また、3つ目のメリットは、**IT業界でのキャリアの築き方や未知のIT用語を知ることなど、エンジニアとしての知識を深める**ことができる点があります。職場で使っていたIT用語が、実は一般的ではない言葉だと気づけたり、新しい専門用語やさまざまな分野の知識を増やせたりします。別の業界の方に話す機会が増えると、説明スキルも上がっていきます。業務とは関係ない場所で、エンジニア・コミュニケーションのトレーニングを積んでおけば、普段の業務も円滑に進められるようになります。

そして、4つ目にして最大のメリットは、**経験値の高い人と話すことで人生の学びが得られること**です。私自身も、パートナーや家族を持ったほうがいいといった、仕事以外の話を聞けたり、人生をよりよくするために自己啓発の学びも必要だと気づけたり、人生の志を磨いていくことができています。リアルに人に話すことで心に響くものが見つかり、自分自身を深く知ることができます。結果的に自分の人生をしっかり考えることができるようになるのです。

このように、交流会に行くメリットは本当に数多くあります。一石二鳥どころか一石四鳥、またはそれ以上の効果があるので、ぜひ人に会う機会を増やして視野を広げていきましょう。自分の人生やキャリアを描けるようになれば、年収が上がるキャリアの道も自ずと見えてきます。

エンジニアで独立するためには3年の準備はほしい

フリーランスエンジニアとして独立するために社外コミュニケーションが大事だとお伝えしてきました。私は、独立するためには、少なくとも3年の準備が必要だと考えています。最近は1年や2年で若くしてフリーランスに憧れて独立する人も増えてきましたが、**長くフリーランスとして活躍したいなら、準備はしっかりするべき**です。

準備期間に3年が必要な理由は、2つあります。ひとつは**お金**です。会社員のときは会社が給料を保証してくれますが、フリーランスになると保証がなくなります。自分が病気などでやむを得ず稼働を止めてしまうと、その分の収入がなくなります。そのため、社会人2年目のようなまだ貯金の少ない時期に独立することは避けたいところです。しっかり会社員として3年働き、十分に貯金をして備えておくと安心でしょう。

そして、もうひとつの理由は**スキル**です。フリーランスになったものの、実際に稼働しはじめてからスキル不足に気づいた、というケースはよくあります。フリーランスでは技術があって当たり前なので、現場でスキルを教えてもらえることは非常に少ないです。私の知り合いでも、実力不足を感じて、結局会社員に戻ったという人もいます。会社で教えてもらえるうちに、しっかりスキルアップしておくことが重要です。

また、フリーランス案件を紹介してくれる**エージェントとのやりとり**にも注意が必要です。スキルがないのにエージェントの営業に対して横柄な態度を取ると、案件が決まらなくなることがあります。フリーランス案件では、応募条件に「3年以上○○開発の経験のある方」といったように年数で制限があることがほとんどです。スキルが足りないのであれば、エージェントからサポートしてもらえるような密なコミュニケーションを心がけるようにしましょう。

私はフリーランスになる前に、かなり調べて準備したタイプです。フリーランスになるといろいろな審査が通りづらくなります。そのため、フリーランスになる前にクレジットカードをつくり、住宅ローンを組み、会社員の特権を使ってから独立しました。フリーランスになると銀行の融資がなかなかおりないので、投資用不動産やマイホームがほしい人は、会社員のうちに買っておいたほうがよいと思います。

また、独立前から**時間をかけて人脈を増やしておく**と、フリーランス案件の複数のエージェントの営業マンにつながれたりします。エージェントを2〜3社知っておくと、いざというときに案件が途絶えることがありません。さらに、フリーランスのメリットに確定申告をして節税することができる点があります。節税のための勉強や家計簿をつける練習をしておくと、独立した初年度からいいスタートを切れるでしょう。

「独立準備に3年もかけるのか……」と思う人もいるかもしれませんが、しっかり準備をすれば長期的にフリーランスとして活動できる可能性が高くなります。正社員のSESよりも、自分で独立したほうが好きな案件を選ぶことができ、収入も上がります。素晴らしい未来を想像しながらキャリアプランを考えて、しっかり準備を進めてほしいと思います。

7章

稼げるエンジニアの7つの特徴

——コミュニケーションの落とし穴に気をつけよう

「SEやっています」だと一般的には仕事内容が伝わらない

ここまで会社員やフリーランスのエンジニアが年収をアップする方法をお伝えしてきました。独立すると一気に収入が上がるエンジニアは多いのですが、一方であまり収入が上がらない人もいます。本章では、しっかりと年収アップのイメージができるように、あえてコミュニケーションの落とし穴をお伝えします。

よくあるのは、知り合いに「ITをやっています」と言ったり、エージェントの営業に「SEをやっています」と言ったり、曖昧な自己紹介で終わらせてしまうことです。本人としてはきちんと伝えているつもりだと思うのですが、業界名や大枠の職業では残念ながら相手には伝わりません。

例えば、「何の食べ物が好き?」という質問に「果物が好きです」と答えるようなものだからです。エンジニアにも細かい職種があるため、「青森県産の津軽りんごが好きです」というように詳細を伝える必要があります。**何の分野のエンジニアなのかを伝えていないと、相手も仕事を紹介しづらくなってしまいます。**

私の知り合いのHさんも、こういった残念なコミュニケーションをする方でした。Hさんとは交流会で出会ったのですが、私が質問しても自分のことを話したがりませんでした。

「僕は普段特殊なシステムをつくっています」

「そうなのですね。どのようなシステムなんですか?」

「それはちょっと説明が難しいです」

こういった会話になり、Hさんは具体的なスキルを言わない人でした。そのため、どういったスキルや経験がある人なのかがわからず、私から案件を紹介したくてもできなかったのです。

■相手がわかる内容に噛み砕く

相手に伝わるコミュニケーションをするには、**エンジニアの分類をしっかり伝える**ことが大切です。エンジニアと一口に言っても、プログラマーや開発などの職種があるので、相手には曖昧にしか伝わりません。やはり、自分がどのエンジニアなのかを明確に言ったほうが得です。その上で、運用・保守・構築・設計のどの工程を担当しているのかを伝えるとよいと思います。

また、**自分の業務が何に役立っているのか**も、具体的なエピソードを添えて伝えるとベストです。例えば、「Amazon や楽天のようなECサイト（オンラインショッピングサイト）の買い物の仕組みをつくっています。買い物カゴに商品が入らないエラーがあったときに、僕が保守として直しています」などと、わかりやすく詳細に伝えます。

工程を伝えたとしても「保守をやっています」「開発を担当しています」だけだと相手はイメージできません。**開発ならどんなものをつくっているのか、保守ならどんなメンテナンスをしているのか、運用ならどのような作業をしているのか**を細かく話すと相手には伝わります。

以上のように説明すれば、ＩＴ業界以外の人にも仕事内容が伝わるでしょう。詳細に伝えられると、フリーエンジニア案件がもらえるようになります。私自身もしっかり自分の専門分野を伝えられるようになってから、案件を紹介してもらうことが増えました。エンジニアのなかには、「自分は説明下手だから」と詳細を伝えない人が多いですが、それは非常にもったいないことです。普段自分がやっている仕事に自信を持って、相手に具体的に伝えることで、よい展開を引き寄せると考えています。ぜひ、勇気を出して挑戦してみてください。

相手目線を持てば、お客さま・パートナーに失礼なコメントを防げる

フリーランスエンジニアは、人とのご縁から仕事をもらうことが多くあります。自分の看板で仕事をしているため、問題を起こすと関係者すべてにマイナスイメージがついてしまいます。そのため、特に**相手目線のコミュニケーション**を意識する必要があります。フリーランスとして活動するなら、社内でも人間関係を考慮し、まわりに失礼なコミュニケーションをしないよう、気をつけることが大切です。

私の知り合いでこんなケースがありました。ＩＴ企業では社員だけでなく、他の会社の社員が出向で働くこともあり、業務委託のフリーランスの人と同じデスクで仕事することもあります。しかし、私の知り合いの先輩エンジニアNさんと後輩エンジニアOさんは、会社内で報酬の話をしてしまい、まわりを残念な気持ちにさせてしまっ

たそうです。

二人は同じ現場で仕事していました。パートナー企業の社員がいるオンライン会議に参加した際、Oさんの仕事の進捗が悪いことに対して、Nさんが感情的に声を荒げました。「Oさんは月100万円もらっているんだから、ちゃんと業務やろうよ」というNさんの発言に対し、Oさんは反省したそうです。

ここで大切なポイントは、**まわりの人を配慮した会話**ができていたかどうかです。タスクの進捗を追いかけるのはよいことですが、会社から支給される給料や業務委託費は同じ案件であっても人によって異なります。**「Oさんは100万円もらっているのに、同じ仕事の僕はなぜ80万円なんだろう……」**と不快な気持ちになった人がいたかもしれません。この話は、まわりを配慮するコミュニケーションの必要性を教えてくれます。

■短い文章は冷たく感じられる場合もあるので要注意

また、私の知り合いのYさんは、敬語に問題がありました。社会人経験が少ないY

さんは、**「彼はLINEメッセージで常にタメ口を使うので、採用を見送りたい」**と面接した企業から断られました。ＩＴ業界ではチャットやＬＩＮＥのやりとりが多くあります。面接の情報をＬＩＮＥで送る企業は少なくありません。そもそもエージェントの営業からも「この人は敬語が使えず、相手と適切なコミュニケーションが取れないので推薦できない」と思われてしまう可能性もあります。

さらに、敬語だけでなく、**文字だけのやりとりの場合は表現に工夫が必要**です。私の知り合いのフリーランスエンジニアＷさんは、ＬＩＮＥメッセージのやりとりがよくないとビジネスパートナーから指摘されました。Ｗさんは、「もっと早く案件を紹介してもらえないんですか？」「この案件は○○だから嫌です」など、こだわりが強い割に受け身なやりとりをしており、相手は怒ってしまったそうです。

ＬＩＮＥのような短い文章のやりとりだと、より言葉のニュアンスが伝わりづらく、冷たく感じることがあります。**メッセージをオブラートに包んで和らげる**など、工夫が必要でしょう。

まず一度、**自分の書いたメッセージを見直して、もし自分が相手だったらどう感じるかを考えてから送信しましょう。**焦って送るよりも、お茶でも飲みながら落ち着いて考えるとよい表現が見つかるものです。ぜひ人間関係を大事にするために、相手目線のコミュニケーションを心がけてみてくださいね。

チャットだけでやりとりせず、直接話す習慣をつける

年収を下げているエンジニアは、やりとりをチャットで完結させようとする傾向があります。IT企業ではリモートワークが多いため、チャットでのコミュニケーションが主流です。普段、人と話す機会が少ないエンジニアは、コロナ禍でさらに人と話さなくなっています。これは**出社の場合も同じで、口頭で会話せずチャットでのコミュニケーションが加速しています。**

私が大手通信企業に出向していたとき、久しぶりに出社した日がありました。職場で、新入社員のFさんを見ていると、すごく仕事をしづらそうでした。Fさんは非常に気遣いをする人で、少し話して質問すれば解決することを、逐一チャットで少しずつ質問していました。おそらく、Fさんは出社の頻度が少ないため、人に声をかけるのが億劫だったのだと思います。**すべての業務をチャットでやりとりするので、結果**

的に業務時間が大幅に長くなっていました。

話せば1分で解決することも、1時間考えてからチャットを打つので、その間の作業ができず仕事が止まってしまうのです。

また、私の知り合いでIT企業に勤めるWEBライターのCさんから聞いた話です。ある日、Cさんの近くに座っていた4人のエンジニアたちが、お昼の12時になった瞬間に無言で立ち上がり、財布と携帯を持ってランチに出かけていったそうです。Cさんは「何が起きたのだろう?」と状況を把握すると、どうやらチャット内で「ランチに行こう」と誘って、場所や時間などを決め、出かけて行ったようでした。小さな声で話しても聞こえる距離の机で仕事をしているにもかかわらず、わざわざチャットでやりとりするのは、人付き合いを面倒だと感じていたのでしょう。もし、面倒だと感じながらランチに行くのなら、その時間は生産的とは言えません。

人付き合いをおざなりにすると、いざ問題が起きるとあっけなく仕事を失ったり、年収がいつまでも上がらなかったりします。話せば一瞬で解決することをチャットで完結させようとすると、かえって時間の無駄になるのです。せっかく対面で会っているなら、少しだけ勇気を出して話しかけてみたほうがいいと思いませんか？

人間関係の距離を上手に詰める小さなコツ

コミュニケーションの苦手なエンジニアは、人付き合いを面倒だと思っている人も多いでしょう。だからと言って、人と話す機会を減らしていると、いつの間にか人間関係の距離のつめ方がわからなくなってしまいます。

幼稚園や小学校低学年のときは、誰もが無邪気にクラスメイトと話して遊んでいたと思います。しかし、大人になると自分のまわりに「人間関係が面倒くさい」という壁をつくりがちです。すると、「どうやって人と仲よくなって来たんだろう?」とわからなくなって、結果的に人付き合いが苦手になってしまうのです。しかし実は、厄介なのは、「人と仲よくなる方法がわからない」と思っている人よりも、空気が読めず、人との距離感の取り方がわからない人です。

例えば、私の知り合いのインフラエンジニアのRさんがそうでした。Rさんは年下でしたが、私よりも先に大手通信会社内で働いており、仕事上では先輩でした。そのため、業務について教えてもらうことが多かったのですが、いつもそっけない態度をする人でした。

実際に、「システムの CloudWatch の監視の設計があり、パラメーターシートはどこにありますか?」と質問したとき、「ここに書いてあります」と一言だけチャットが返ってきました。そこには、大量のファイルが添付されていたのです。ファイルが膨大だったため、どこに答えがあるのか探せず、見つけても質問に対して適切な回答ではなかったので問題は解決できませんでした。

しかし、リアルで会うとRさんは笑顔で話してくれるので、**「単純にどうやって相手に伝えたらいいのかわからなかったのだろう」**と感じました。

また、私の先輩エンジニアのDさんは変わった人でした。**後輩に対しても敬語を使うため**、まわりからは「絡みづらい」と思われていました。飲み会の場であっても、「私はこう思うんですが、斎藤さんはいかがですか?」と、後輩に対して話すには丁寧すぎる言いまわしで話しかけるのです。「先輩後輩の関係なのだから、もうちょっと砕けてくれてもいいのに……」と、会話のスタンスに人としての壁を感じました。

私は最初から稼げるエンジニアを目指していたので、飲み会は仲よくなる絶好のチャンスとして活用してきました。ビジネスパートナー候補の人と出会ったら、必ず飲みに誘ってオープンに話をすることでお互いのニーズを理解し、案件や人の紹介につなげました。


何度も繰り返していますが、フリーランスで活動するなら、「飲みニケーション」や「食べニケーション」が非常に大切です。会社員なら営業の方とランチに行くのもよいと思います。人との距離が近くなった時点で、「本当はこういう仕事がしたい」ということを伝えれば、**「人柄のよさはご飯を一緒に食べたときに知っているし、優先的に応援しよう」**となる場合もあるからです。

ランチやディナーに行きたくても、リモート案件だと機会が非常に少なくなっています。私の知り合いのフリーランスディレクターのEさんは、必要なときだけ出社する働き方でしたが、飲み会がある日には必ず出社していたそうです。Eさんは、一度飲み会に参加してから、**職場の同僚によく飲みに誘われるようになり、人間関係が円**

滑になった結果、業務や休みの取得がスムーズになったのです。

職場の雰囲気をよく見極めた上で、最初の動き方を大事にするとよいでしょう。逆に、もし「この現場はあまり雰囲気がよくない」と見切れるなら、そこまで無理して飲み会に参加する必要はないと思います。

■合いの手や「グッドボタン」だけでも効果あり

人との距離を縮めるには、コミュニケーションを積極的に取るしかありません。私は芸人時代、お笑い番組に出演するときに**〝合いの手〟**の練習を何度もしました。ひとりが突っ込んでひとりが合いの手を入れるという練習方法でした。芸人はコメントしないとテレビで放送されません。合いの手は、講義のひとつに入っていたぐらい重要なスキルです。**相手の意図を汲み取って話を拾う**という練習で、「まず反応すること」や「切り込んでいくこと」を学びました。練習の結果、**他の人とかぶらないように拾うことや、会話を遮らないように拾う**ことなど、仕事の話でも反応して拾えるようになったのです。

職場でも反応したり合いの手を入れたりすることで人間関係の距離が近くなり、存在を認めてもらえるようになります。

対面で話すのが苦手なら、チャットで**「グッドボタン」を押す**だけでも、何も反応しないよりよいでしょう。やりとりにうまく慣れてくれば、白熱したオンライン会議でさりげなく流れを遮って話を主流に戻すといった技も使えるようになります。こういったコミュニケーション力のあるエンジニアは重宝されますし、その後の人間関係は長期的によくなります。

業務時間外でも社内イベントはステップアップにつながる

コロナが収まってきてから、少しずつＩＴ企業でも出社が増えてくるようになりました。特に会社の経営陣は社内のコミュニケーションを増やそうと、飲み会や勉強会などの社内イベントを積極的に企画するようになりました。しかし、人と距離を取りがちだったり、コミュニケーションを億劫に感じたりしているエンジニアは、せっかく会社が用意してくれたコミュニケーションの機会も次のような理由で断るケースが多くあります。

「大人数が苦手だ」
「話すことがないのに長時間拘束されるのが嫌だ」
「イベントに参加するくらいなら、早く家に帰ってゲームしたい」

どれも典型的なコミュニケーションが苦手な人の理由だとわかるでしょう。フリーランスエンジニアが「私はこの会社の社員ではないから」と、社員向けイベントに参加しないのは納得できますが、近年では会社員のエンジニアも仕事とは関係ない会社の交流会やバーベキュー、年末年始の忘年会やパーティには参加しなくなっています。イベントに参加したくないエンジニアは、上記のような理由に集約されます。しかし、コミュニケーションが上手になりたいなら、もっと人と話す機会を増やす必要があります。

私は**いきなり社外の交流会に行くよりも、会社のイベントのほうが顔見知りの人が多いので、コミュニケーションの練習にはちょうどよい**と思っています。どうしても2時間の飲み会を「長時間拘束されている」「業務外の時間なのに会社の人と話すのは時間の浪費だ」と感じるなら、**〝少し顔を出す〟程度に調整**すればよいのです。

例えば、事前に先輩へチャットで「19時半までしか出れないんです」と伝えておけば問題ありません。そもそも業務外の時間なので会社側は強要しませんし、親切な先輩なら「そろそろ時間大丈夫？　帰る時間なんじゃない？」と声をかけてくれることもあるでしょう。

少しの時間でも顔を出しておけば印象がよくなり、仕事のコミュニケーションも円滑になって捗ります。会社の飲み会やイベントに慣れてきたら、いろいろな人の話が刺激になって**もっとＩＴの勉強をしたくなったり、外部のイベントにも興味が湧いてきたりします。**

仕事ができるエンジニアや年収が高いエンジニアは、常に業務時間外でスキルアップの勉強や自己研鑽の時間をつくるようにしています。「仕事は仕事、プライベートはプライベート」と割り切らず、**プライベートなイベントでも将来のステップアップにつながると考えて行動する**ことが大事です。

意識的に雑談を増やそう

「食べニケーション」や「飲みニケーション」の大切さをお伝えしてきましたが、雑談は相手との距離を詰めるためには重要な時間です。しかし、チャットだけでやりとりしていると、ついつい「仕事以外の話は無駄だ」と考えがちです。

仕事の話だけのビジネスライクな希薄な付き合いをしていると、部署や仕事が変わるだけでやりとりがなくなります。そのため、何気ない趣味の話や家族の話など、相手をリラックスさせるようなコミュニケーションが大切です。同じスキルの二人がいたら、相手は気分よく雑談できる人と長く仕事したいと思うでしょう。このように、雑談でよい人間関係を築くことは非常に大事です。

私の職場にいたエンジニアのGさんは、ランチの時間に「フードデリバリーで注文しようとしたけど、クレカの支払いができない！　わろた ＼(^o^)／w」と笑いを入れたチャットをグループチャットに送り、同じチーム内のメンバーを和ませてくれる人でした。Gさんは私の仕事の依頼主でしたが、こうやって話題を振っていただけると話しやすかったです。もちろん、相手を無理やり笑わせようとする必要はありませんが、**雑談のできる間柄であれば業務について話しやすくなります。**日頃から子どもの話題を出していれば、「斎藤さんも大変だもんね〜」とプライベートを配慮してくれ、会社で休みやすくなったこともあります。

このように、雑談は職場の雰囲気をよくしてくれるのでオススメです。プロジェクトやチームの連携を円滑にしたいのであれば、**「雑談チャット」**のようないつ誰が雑談してもよい環境をつくることも大事です。一見、業務に関係ない無駄なチャット部屋に見えますが、相手との関係性がよくなり、仕事が円滑になる効果があります。1対1の雑談で慣れてからでもよいので、ぜひチャレンジしてみてください。

私の会社では、仕事以外の時間で毎年交流会を開き、弁護士や税理士などの別の職種の人と話すことで、社員に新しい知識が増えるようにマネジメントしています。雑談の知識が別の場でも活かせるようになるので、コミュニケーション上手な人になれる環境を用意しています。業務時間で仕事の話を振られたときはそれに応じるのはもちろんですが、後輩と業務の話だけしかしていないと感じたら意識的に雑談するといいでしょう。それにより仕事もスムーズに進むことが実感できると思います。

オンライン面接は「準備」と「練習」で不安要素をなくす

コミュニケーションの苦手なエンジニアは、基本的に収入が低くなる傾向がありま す。なぜなら、職場でうまく意思疎通が図れない人だと、いくらスキルが高くても会 社側としては扱いづらいからです。

厳しいようですが、コミュニケーションの取りづらい人にわざわざ高いお金を払お うと思う会社はありません。そのため、転職や独立のための面接には、十分にコミュ ニケーション力を磨いた状態で望むようにしましょう。

よくある面接の失敗例は、「オンライン面接時の声が小さくて何を言っているかわ からない」というものです。パソコンの不具合だとしても、**音がうまく入らないなら 普段よりも声を大きくしてしゃべることや事前にテストする**などの対策は可能です。

普段からオンライン面接で**5分前に入室していれば、不具合があってもすぐに対処できます。**また、トラブルがあっても、**「うまく映像が届かなくてお待たせしており、申し訳ございません」**と上手に説明できれば、その時間をコミュニケーション力のアピールに使うこともできます。

その他にも、**オンライン面接では十分に快適なネット環境を設定しておく**ことも、コミュニケーションマナーのひとつです。安いWi-Fiやポケット Wi-Fiよりも、多少値が上がっても大手回線や固定回線を設置して、円滑にコミュニケーションが取れる環境をつくるとよいと思います。

また、部屋の窓の向きによって画面が暗くなってしまうなら、**〝女優ライト〟を買って明るい表情**で面接やオンライン会議に参加できる努力をしましょう。

■ **練習は裏切らない**

そして、円滑にコミュニケーションが取れる環境を整えたら、あとは**発声練習やアピール文のアウトプット練習**です。面接でコミュニケーション力の評価がより高くなるように、ブラッシュアップに力を注ぎましょう。

普段から会社や社外の人と会話することが少ないエンジニアならなおさら、入念に練習すべきです。自己PRを紙に書いて整理したり、音読した自分の声を録音して声のトーンを確かめたり、模擬面接を録画して客観的に自分の表情を確認したり、コミュニケーション不足を補う機会を増やしましょう。

また、**エージェントの営業や友人に練習相手を頼む**のもいいでしょう。カフェでお茶を1杯ごちそうして面接練習に付き合ってもらえたらラッキーです。それだけの費用で年収が上がるなら費用対効果は高いでしょう。


面接で落ちない人になれば、どの案件も自分で選べるようになります。そして、高単価の案件を自分のアピールで獲得できれば、実績も収入も自由に手に入れることができます。エンジニア・コミュニケーションは、すべてのエンジニアを時間的・経済的に自由にしてくれる最強のツールだと言えるのです。

あとがき　僕はＩＴ業界から「うつ」をなくしたい

本書を最後までお読みいただき、本当にありがとうございます。本書では、現役エンジニアの方や将来エンジニアを目指す方に向けて、年収アップを実現するコミュニケーション術を具体例とともに紹介してきました。

コミュニケーションが苦手な人のエピソードを数多く書いたので、不快に思われた方もいるかもしれません。コミュニケーションを磨くきっかけになれたらと思い、あえて厳しく書いた部分もあります。

かつては、私自身もコミュニケーション力不足が原因で年収が上がらないエンジニアでした。年収３００万円台で働く日々。そしてうつ病になり、数ヶ月休職したのちに復職しましたが、再発して再び休職しました。最後には会社から休業手当が振り込まれなくなり、泣く泣く退職せざるを得ない状況になりました。

そのときは本当につらい時期でしたが、環境や自分を変えなければ同じことが起きると気づきました。状況を変えないといけないと思い立ち、自分の付加価値を高めるため、コミュニケーション力を磨くようになったのです。

きっと、私が普段から人と積極的にコミュニケーションをする人であれば、うつ病にはならなかったでしょう。うつは苦しい経験でしたが、そのおかげで今はうつ病の人に共感でき、コミュニケーション力の重要性に気づけたのです。

コミュニケーションの大切さは、私がエンジニアをしながら芸人として活動したときにも痛感しました。芸人同期のIくんは、誰よりも真面目にネタに取り組み、ネタ見せではいつもランキング上位でした。しかし、テレビ番組のフリートークや団体芸の練習のときには、コミュニケーション力のなさから他の人に負けて悩んでいました。私はそのIくんの様子を見て、「やはりエンジニアだけでなく芸人もコミュニケーション力が大事なんだ」と痛感したのです。

エンジニアは、特にコミュニケーション力と年収が比例する職業です。もちろん年収がすべてではありませんが、好きな趣味にお金を使い、気持ちに余裕を持ちながら親孝行や子育てができます。お金があって困ることはないでしょう。

また、コミュニケーション力を高めることで、エンジニアのうつは回避できます。実際、ＩＴ業界は他の業界に比べてうつ病の人が多いというデータがあります。未来を担うＩＴ業界のエンジニアがうつ病で仕事を辞めてしまうのは、国家的な損失です。日本経済復活の鍵はエンジニアのうつをなくすことが近道だと考えています。

コミュニケーションを学んで「ＴＨＥ ＭＡＮＺＡＩ」に出場した芸人経験があるエンジニアは日本でも私くらいでしょう。エンジニアの生きづらい状況やうつ病をなくし、明るい未来をつくることが私の使命だと感じています。

今、私の近くには「昔、うつ病で休職していたけどエンジニアに復帰したい」という方が続々と集まってきています。「なかなか雇ってもらえない」というエンジニアがいるのなら、私の会社でまた元気に働いてもらいたいと思っています。

また、本書を通して「年収アップできるエンジニア・コミュニケーション」を紹介してきましたが、もっと深く学びたい方は、私のスクールで「エンジニア・コミュニケーション術講座」を開講しているので、ぜひ活用してみてください。

私は、うつ病から復帰できないと諦めかけた時期もありましたが、今はバリバリ働いています。こんな私でも大丈夫だから、あなたも大丈夫です。心配しないでください。エンジニアのみなさん、エンジニアを目指すみなさんには明るい未来が待っています。多少失敗したとしても、うつ病で休職したとしても、もう一度復帰することができます。本書や私の経験がみなさんの力になれたら幸いです。また、私の今後のチャレンジとして、就労継続支援B型事業所を立ち上げます。発達障害や精神障害の方を支援できるよう、尽力していきます。

最後に、本書の制作に関わっていただいたみなさま、私の人生で多くの気づきを与えてくださったみなさま、最愛の妻や息子、娘、母、多くの方々に感謝の気持ちを伝えたいです。本当にありがとうございました。これからもよろしくお願いいたします。

2024年5月吉日

斎藤和明

著者略歴

斎藤和明（さいとう　かずあき）

IT研修講師／インフラエンジニア／経営者モーニングセミナー主宰
株式会社ラブサバイバー代表取締役
1984年埼玉県坂戸市生まれ。浦和大学卒業後、IT企業に就職するが、心療内科でうつ病と診断され休職・転職することに。転職を重ねるごとに100万円、200万円と、年収アップに成功し、2017年に茨城県を中心に活動する人材派遣会社へ就職。約1,100名の会社でIT部門の立ち上げに関わる。歴代最速および最年少でIT部門のマネージャーに就任。社内で唯一のIT研修講師に抜擢され、自社および他社の新入社員研修を行ないつつ、人事および営業も兼任。トップセールスとなる。
2019年、フリーエンジニアとして独立した後、株式会社ラブサバイバーを設立。システム開発、IT技術研修を主な事業とする。現在、発達障害・精神障害者の支援を行なうべく就労継続支援B型事業所の立ち上げにも尽力している。
趣味は読書と経営者モーニングセミナー開催・参加。著書に『フリーエンジニアで成功するためにやるべき54のこと』（秀和システム）がある。

斎藤和明・エンジニアコミュニケーション　LINE公式アカウント

キャリアアップと年収アップをかなえる
エンジニア・コミュニケーション

2024年6月20日　初版発行

著　者 ―― 斎藤和明

発行者 ―― 中島豊彦

発行所 ―― 同文舘出版株式会社

東京都千代田区神田神保町1-41　〒101-0051
電話　営業03（3294）1801　編集03（3294）1802
振替00100-8-42935
https://www.dobunkan.co.jp/

ISBN978-4-495-54161-3

印刷／製本：萩原印刷

Printed in Japan 2024